U0158008

中国互联网站与移动应用
现状及其安全报告
（2022）

主　　编　何桂立

副 主 编　裴　玮　郝智超　阚志刚

主办单位　中国互联网协会

合作单位　深圳市腾讯计算机系统有限公司

阿里云计算有限公司

北京梆梆安全科技有限公司

网宿科技股份有限公司

天津市国瑞数码安全系统股份有限公司

河海大学出版社
HOHAI UNIVERSITY PRESS
·南京·

图书在版编目(CIP)数据

中国互联网站与移动应用现状及其安全报告. 2022 /
何桂立主编. -- 南京:河海大学出版社,2023.1
ISBN 978-7-5630-8132-5

Ⅰ.①中… Ⅱ.①何… Ⅲ.①互联网络-网络安全-
研究报告-中国-2022 Ⅳ.①TP393.08

中国国家版本馆 CIP 数据核字(2023)第 010218 号

书　　名	中国互联网站与移动应用现状及其安全报告(2022)
书　　号	ISBN 978-7-5630-8132-5
责任编辑	龚　俊
特约编辑	丁寿萍
特约校对	梁顺弟
封面设计	槿容轩　张育智　周彦余
出　　版	河海大学出版社
地　　址	南京市西康路 1 号(邮编:210098)
网　　址	http://www.hhup.com
电　　话	(025)83737852(总编室)　(025)83722833(营销部)
经　　销	江苏省新华发行集团有限公司
排　　版	南京布克文化发展有限公司
印　　刷	南京迅驰彩色印刷有限公司
开　　本	787 毫米×1092 毫米　1/16　5 印张　102 千字
版　　次	2023 年 1 月第 1 版
印　　次	2023 年 1 月第 1 次印刷
定　　价	298.00 元

中国互联网站与移动应用现状及其安全报告(2022)
编 委 会

前　言

　　根据国家法律法规,我国对经营性互联网信息服务实行许可制度,对非经营性互联网信息服务实行备案制度。根据法律法规授权,为了落实相关的规定,在实践中国家形成了以工业和信息化部 ICP/IP 地址/域名信息备案管理系统为技术支撑平台的中国网站管理公共服务电子政务平台,中国境内的接入服务商所接入的网站,必须通过备案管理系统履行备案,从而实现对中国网站的规模化管理和相应的服务。

　　为进一步落实加强政府信息公开化要求,向社会提供有关中国互联网站发展水平及其安全状况的权威数据,从中国网站的发展规模、组成结构、功能特征、地域分布、接入服务、安全威胁和安全防护等方面对中国网站发展作出分析,引导互联网产业发展与投资,保护网民权益及财产安全,提升中国互联网站安全总体防护水平,在工业和信息化部等主管部门指导下,依托备案管理系统中的相关数据,以及相关互联网接入企业及互联网安全企业的研究数据,中国互联网协会发布《中国互联网站与移动应用现状及其安全报告(2022)》。

　　目前互联网在中国的发展已进入一个新时期,云计算、大数据、移动互联网、网络安全等技术业务应用迅猛发展,报告的发布将对中国互联网发展布局提供更为科学的指引,为政府管理部门、互联网从业者、产业投资者、研究机构、网民等相关人士了解、掌握中国互联网站总体情况提供参考,是政府开放数据大环境下的有益探索和创新。

　　中国互联网协会长期致力于中国网站发展的研究,连续多年发布《中国互联网站发展状况及网络安全报告》,旨在通过网站大数据展示和解读中国互联网站发展状况及其安全态势,为互联网从业者、产业投资者、研究机构、网民等相关人士了解掌握中国网站总体情况提供参考,促进中国互联网健康有序发展。

　　报告的编写和发布得到了政府、企业和社会各界的大力支持,在此一并表示感谢。因能力和水平有限,不足之处在所难免,欢迎读者批评指正。

术语界定

网站：

指使用 ICANN 顶级域（包括国家和地区顶级域、通用顶级域）注册体系下独立域名的 web 站点，或没有域名只有 IP 地址的 web 站点。如果有多个独立域名或多个 IP 指向相同的页面集，视为同一网站，独立域名下次级域名所指向的页面集视为该网站的频道或栏目，不视为网站。

中国互联网站（简称"中国网站"）：

指中华人民共和国境内的组织或个人开办的网站。

域名：

域名（Domain Name），是由一串用点分隔的名字组成，用于在互联网上数据传输时标识联网计算机的电子方位（有时也指地理位置），与该计算机的互联网协议（IP）地址相对应，是互联网上被最广泛使用的互联网地址。

IP 地址：

IP 地址就是给连接在互联网上的主机分配的一个网络通信地址，根据其地址长度不同，分为 IPV4 和 IPV6 两种地址。

网站分类：

通过分布式网络智能爬虫，高效采集网站内容信息，基于机器学习技术和 SVM 等分类算法，构建行业网站分类模型，然后利用大数据云计算技术实现对海量网站的行业类别判断分析，结合人工研判和修订，最终确定网站分类。

数据来源：

工业和信息化部 ICP/IP 地址/域名信息备案管理系统。

数据截止日期：

2021 年 12 月 31 日。

目　录

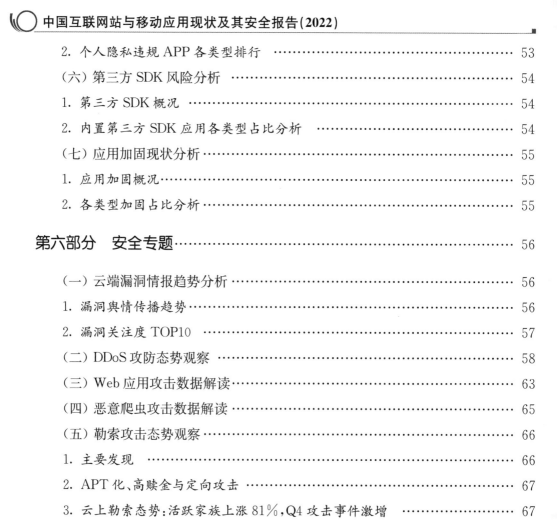

第一部分 2021年中国网站发展概况^①

中国网站建设经过几十年的发展,已经日趋成熟,政府和市场在网站高速发展的同时对网站备案的准确性和规范性提出了更高的要求,近两年工业和信息化部相继开展了一系列专项行动,清理过期、不合规域名,注销空壳网站,核查整改相关主体资质证件信息,清理错误数据,规范接入服务市场,开展互联网信息服务备案用户真实身份信息电子化核验试点工作等,进一步落实网络实名管理要求,扎实有效地推进了互联网站的健康有序发展。2021年,中国网站规模保持稳定,网站数量稍有下降,但网站备案的准确率和有效性进一步提升,中国网站的发展和治理逐步规范化,更有力地保障了政府对网站的监管和互联网行业的健康发展。

(一) 中国网站规模稍有下降

截至2021年12月底,中国网站总量达到410.17万个,较2020年降低35.63万个,其中企业主办网站326.32万个、个人主办网站66.02万个。为中国网站提供互联网接入服务的接入服务商1 459家,网站主办者达到298.39万个;中国网站所使用的独立域名共计420.30万个,每个网站主办者平均拥有网站1.37个,每个中国网站平均使用的独立域名1.02个。全国提供药品和医疗器械、新闻、文化、广播电影电视节目、出版等专业互联网信息服务的网站2.53万个。

(二) 网站接入市场形成相对稳定的格局,市场集中度进一步提升

一是从事网站接入服务业务的市场经营主体稳步增长,2021年全国新增的从事网站接入服务业的市场经营主体39家。二是互联网接入市场规模和份额已相对稳定。民营企业是网站接入市场的主力军,三家基础电信企业直接接入的网站仅为中国网站总量的5.37%。接入网站数量排名前20的接入服务商只有1家为基础电信企业,其余均为民营接入服务商企业,接入网站数量占比达到81.82%,民营接入服务商发展持续提升。三是接入市场集中度较高。截至2021年底,十强接入服务商接入网站315.04万个,占中国网站总量的76.8%,占总体接入市场比例超过2/3。

(三) 中国网站区域发展不协调、不平衡,区域内相对集中

跟中国经济发展高度相似,中国网站在地域分布上呈现东部地区多、中西部地区少的发展格局,区域发展不协调、不平衡的问题较为突出。截至2021年底,东部

---

① 本书所统计的中国互联网站及其相关数据未包括香港特别行政区、澳门特别行政区和台湾地区的数据。

地区网站占比 68.66％,中部地区占比 18.77％,西部地区占比 12.57％。无论从网站主办者住所所在地统计,还是从接入服务商接入所在地统计,东部地区网站主要分布在广东、北京、江苏、上海、山东、浙江(除北京外均为沿海省市),中部地区网站主要分布在河南、安徽和湖北,西部地区网站主要集中分布在四川、陕西和重庆。

(四) 中国网站主办者中"企业"举办的网站仍为主流,占比持续增长

在 410.7 万个网站中,网站主办者为"企业"举办的网站达到 326.32 万个,占中国网站总量的 79.56％,占比较去年下降 1.18 个百分点。主办者性质为"个人"的网站 66.02 万个,占中国网站总量的 16.10％。主办者性质为"事业单位""社会团体"的网站较 2020 年底相比有所减少,主办者性质为"政府机关"的网站较 2020 年底相比有所增加,中国网站主办者组成情况见图 1-1。

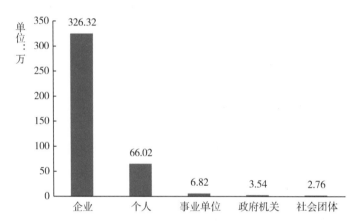

图 1-1 截至 2021 年 12 月底中国网站主办者组成情况

数据来源:中国互联网协会 2021.12

(五) ".com"".cn"".net"在中国网站主办者使用的已批复域名中依旧稳居前三

在中国网站注册使用的 420.30 万个已批复通用域名中,注册使用".com"".cn"".net"域名的中国网站数量仍最多,使用数量占通用域名总量的 90.31％。截至 2021 年 12 月底,".com"域名使用数量最多,达到 260.88 万个,较 2020 年底降低了 13.86 万个;其次为".cn"和".net"域名,各使用 100.23 万个和 18.47 万个,".cn"域名较 2020 年底减少了 33.97 万个,".net"域名较 2020 年底减少了 1.83 万个。中国网站注册使用各类通用域使用占比情况如图 1-2 所示。

(六) 中文域名中".中国"".公司"".网络"域名备案总量均有所下降

2021 年底,全国共报备中文域名 27 类,总量为 48 074 个,占已批复顶级域名总量的 1.14％。".中国"的域名数量最多,为 23 450 个,其次为".网址"和".公司",各报备 11 788 个和 3 708 个。各类中文域名报备占比情况见图 1-3。

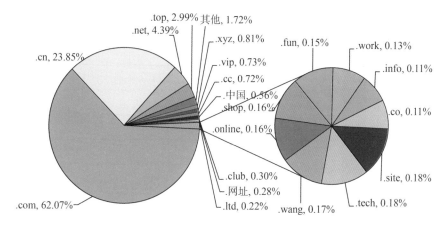

图 1-2 截至 2021 年 12 月底中国网站注册使用的各类通用域占比情况①

数据来源:中国互联网协会 2021.12

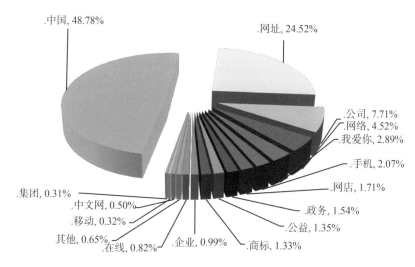

图 1-3 截至 2021 年 12 月底各类中文域名报备占比情况

数据来源:中国互联网协会 2021.12

(七)专业互联网信息服务网站持续增长,出版类网站增幅最大

截至 2021 年 12 月底,专业互联网信息服务网站共计 25 283 个,主要集中在药品和医疗器械、文化等行业和领域,出版、广播电影电视节目、新闻、互联网金融、网络预约车等行业的领域发展规模相对较小。较 2020 年底相比,药品和医疗器械、广播电影电视节目、出版类专业互联网信息服务网站均有所增长,文化类网站有所下降,其中出版类网站增幅最大,同比增长 17.61％。各类中国网站中涉及提供专业

---

① 由于百分数取小数点后两位有效数字,故各数字总和可能不是 100％,下同。

互联网信息服务的网站情况见图 1-4。

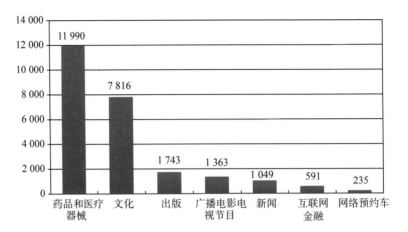

图 1-4 2021 年中国网站中涉及提供专业互联网信息服务的网站情况

数据来源:中国互联网协会 2021.12

第二部分　中国网站发展状况分析

　　本部分主要对中国网站总量、中国网站注册使用的域名、中国网站地域分布、专业互联网信息服务网站、中国网站主办者、从事网站接入业务的接入服务商等与中国网站相关的要素,从 2021 年全年和近五年两个时间维度来统计分析其发展状况、地域分布及发展趋势。

(一) 中国网站及域名历年变化情况

1. 中国网站总量及历年变化情况

　　2021 年中国网站总量呈下降的趋势,截至 2021 年 12 月底达到 410.17 万个,具体月变化情况见图 2-1。

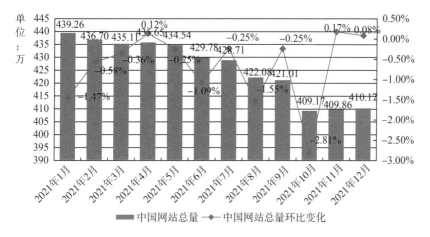

图 2-1　2021 年全年中国网站总量变化情况
数据来源:中国互联网协会　2021.12

　　从近 5 年来看,中国网站总量呈逐年下降态势。截至 2021 年 12 月底,中国网站总量达到 410.17 万个,较 2020 年底下降 35.63 万个,同比下降 7.99%,近五年变化情况见图 2-2。

2. 注册使用的已批复独立域名及历年变化情况

　　2021 年中国网站注册使用的各类独立顶级域名整体呈下降态势,2021 年 12 月底达到 420.30 万个。具体情况如图 2-3。

　　2021 年中国网站注册使用的独立域名数量最多的三类顶级域名分别为".com"、".cn"和".net"。三类域名数量 2021 年整体均呈下降态势,2021 年 12 月底".com"、".cn"和".net"三类域名数量分别为 260.88 万个、100.23 万个和 18.47

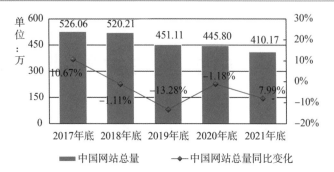

图 2-2　近 5 年中国网站总量变化情况

数据来源：中国互联网协会　2021.12

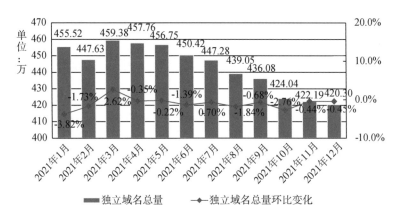

图 2-3　2021 年全年独立顶级域名总量变化情况

数据来源：中国互联网协会　2021.12

万个。2021 年全年注册使用".com"、".cn"、和".net"三类域名数量具体月变化情况见图 2-4。

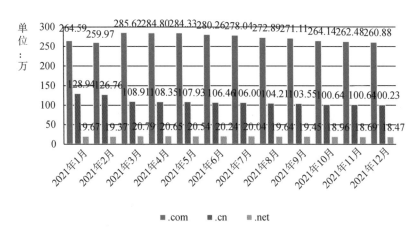

图 2-4　2021 年全年数量最多的三类独立顶级域名变化情况

数据来源：中国互联网协会　2021.12

近 5 年各类独立顶级域名数量呈先上升后下降态势,截至 2021 年 12 月底,中国网站注册使用的各类独立顶级域名 420.30 万个,较 2020 年底减少 53.30 万个,同比降低 11.25%。具体情况如图 2-5。

图 2-5　近 5 年独立顶级域名总量变化情况

数据来源:中国互联网协会　2021.12

　　2021 年中国网站注册使用的独立域名数量最多的三类顶级域名分别为".com"、".cn"和".net"。其中注册使用".com"的独立域名 260.88 万个,较 2020 年底降低 13.86 万个;".cn"域名 100.23 万个,较 2020 年底降低 33.96 万个;".net"域名 18.47 万个,较 2020 年底降低 1.84 万个。具体情况如图 2-6。

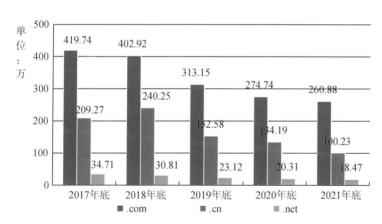

图 2-6　近 5 年全年数量最多的三类独立顶级域名变化情况

数据来源:中国互联网协会　2021.12

(二) 中国网站及域名地域分布情况

1. 中国网站地域分布情况

　　东部地区网站发展远超中西部地区。按照网站主办者所在地统计,我国东部地区 2021 年网站数量达到 283.70 万个,占中国网站总量的 69.17%。中部地区网站数量达到 72.26 万个,占中国网站总量的 17.62%。西部地区网站数量达到 57.56 万个,占中国网站总量的 14.03%。我国东部、中部及西部地区的网站分布情况及近 5 年变化情况见图 2-7 和图 2-8。

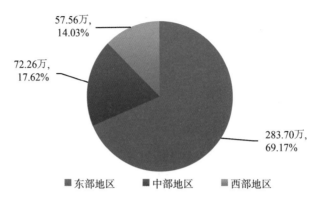

图 2-7　2021 年中国网站总量地域分布情况

数据来源:中国互联网协会　2021.12

图 2-8　近 5 年中国网站总量地域分布变化情况

数据来源:中国互联网协会　2021.12

截至 2021 年 12 月底,从各省、区、市网站(按网站主办者住所所在地)总量的分布情况来看,广东省网站数量位居全国第一,达到 67.93 万个,占全国总量的 16.42%。排名第 2 至 5 位的地区分别为北京(41.35 万个)、江苏(36.05 万个)、上海(33.81 万个)和山东(29.22 万个)。上述五个地区的网站总量 208.36 万个,占中国网站总量的 50.79%。属地内网站数量不足 1 万的地区有西藏(1 704 个)、青海(4 690 个)、宁夏(7 700 个)、新疆(9 378 个)。近两年中国网站总量在各省、区、市的分布情况见图 2-9。

2. 注册使用的各类独立域名地域分布情况

东部地区网站注册使用的独立域名数量远超中西部地区。我国东部地区网站注册使用的独立域名数量达到 289.76 万个,占中国网站注册使用的独立域名总量的 68.94%。中部地区网站注册使用的独立域名数量达到 73.03 万个,占中国网站注册使用的独立域名总量的 17.38%。西部地区网站注册使用的独立域名数量达

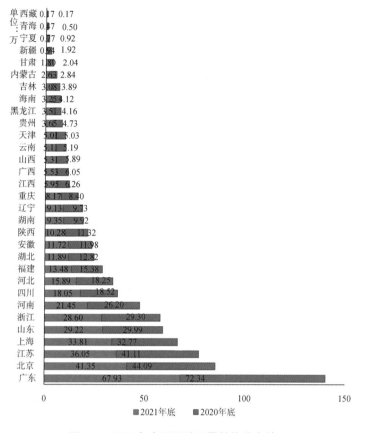

图 2-9　近两年中国网站总量整体分布情况

数据来源:中国互联网协会　2021.12

到 57.51 万个,占中国网站注册使用的独立域名总量的 13.68%。我国东部、中部及西部地区网站注册使用的独立域名总量分布情况及近 5 年变化情况见图 2-10 和2-11。

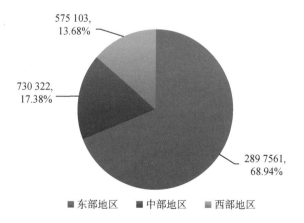

图 2-10　2021 年中国网站各类独立顶级域名总量地域分布情况

数据来源:中国互联网协会　2021.12

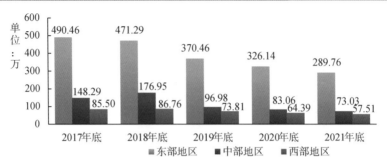

图 2-11　近 5 年中国网站各类独立顶级域名总量地域分布变化情况

数据来源：中国互联网协会　2021.12

　　截至 2021 年 12 月底，从各省、区、市网站注册使用的独立域名分布情况来看，广东省网站注册使用的独立域名数量位居全国第一，达到 67.67 万个，占全国总量的 16.10%。排名第 2 至 5 位的地区分别为北京（42.40 万个）、江苏（36.86 万个）、上海（33.95 万个）和浙江（30.35 万个）。上述五个地区的网站注册使用的独立域名数量 211.23 万个，占全国独立域名总量的 50.26%。注册使用独立域名数量不足 1 万个的地区有西藏（1 618 个）和青海（4 201 个）、宁夏（7 738 个）、新疆（9 609 个）。近两年各省、区、市网站注册使用的独立域名情况见图 2-12。

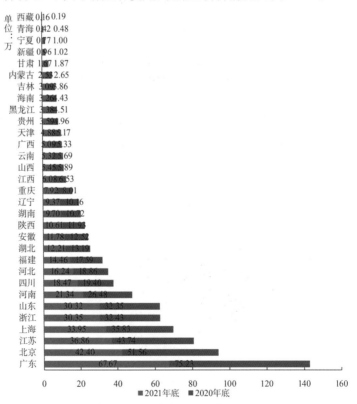

图 2-12　近两年中国网站各类独立顶级域名总量整体分布情况

数据来源：中国互联网协会　2021.12

（三）全国涉及各类前置审批的网站历年变化及分布情况

截至 2021 年 12 月底,全国涉及各类前置审批的网站达到 25 283 个,其中药品和医疗器械类网站 11 990 个,文化类网站 7 816 个,出版类网站 1 743 个,广播电影电视节目类网站 1 363 个,新闻类网站 1 049 个,互联网金融类网站 591 个,网络预约车类网站 235 个。中国网站中涉及各类前置审批的网站情况如图 2-13 所示。

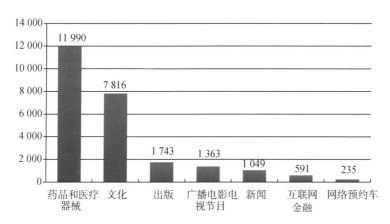

图 2-13　截至 2021 年 12 月底中国网站中涉及各类前置审批的网站情况

数据来源:中国互联网协会　2021.12

1. 涉及各类前置审批的网站历年变化情况

近 3 年全国涉及各类前置审批的网站具体变化情况见图 2-14。

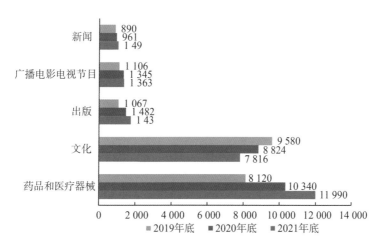

图 2-14　近 3 年全国涉及各类前置审批的网站具体变化情况

数据来源:中国互联网协会　2021.12

2. 药品和医疗器械类网站历年变化及分布情况

近 5 年,药品和医疗器械类网站逐年递增,截至 2021 年 12 月底,药品和医疗器械类网站 11 990 个,较 2020 年底增长 1 650 个,同比增长 15.96%,具体情况见图 2-15。

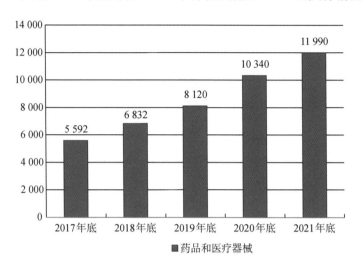

图 2-15 近 5 年药品和医疗器械类网站变化情况

数据来源:中国互联网协会 2021.12

从各省、区、市的药品和医疗器械类网站分布情况来看,山东省药品和医疗器械类网站数量位居全国第一,达到 4 134 个,占全国药品和医疗器械类网站总量的 34.48%。排名第 2 至 5 位的地区分别为广东(1 593 个)、四川(577 个)、湖北(540 个)和上海(418 个)。上述五省市药品和医疗器械类网站数量 7 262 个,占全国药品和医疗器械类网站总量的 60.57%。药品和医疗器械类网站在各省、区、市的分布情况见图 2-16。

3. 文化类网站历年变化及分布情况

近 5 年,文化类网站呈先上升后下降趋势,截至 2021 年 12 月底,文化类网站达到 7 816 个,较 2020 年底减少 1 008 个,同比降低 11.42%,具体情况见图 2-17。

从各省、区、市的文化类网站的分布情况来看,广东省文化类网站数量位居全国第一,达到 2 533 个,占全国文化类网站总量的 32.41%。排名第 2 至 5 位的地区分别为浙江(1 114 个)、上海(626 个)、四川(445 个)和北京(398 个)。上述五省市文化类网站数量 5 116 个,占全国文化类网站总量的 65.46%。文化类网站在各省、区、市的分布情况见图 2-18。

4. 出版类网站历年变化及分布情况

近 5 年,出版类网站逐年递增,截至 2021 年 12 月底,出版类网站 1 743 个,较 2020 年底增长 261 个,同比增长 17.61%,具体情况见图 2-19。

从各省、区、市的出版类网站分布情况来看,山东省出版类网站数量位居全国第一,达到 913 个,占全国出版类网站总量的 61.61%。排名第 2 至 5 位的地区分别为北京(92 个)、湖北(86 个)、广东(82 个)和上海(66 个)。上述五省市出版类网站数量共计 1 239 个,占全国出版类网站总量的 71.08%。属地内尚无出版类网站的地区是西藏。出版类网站在各省、区、市的分布情况见图 2-20。

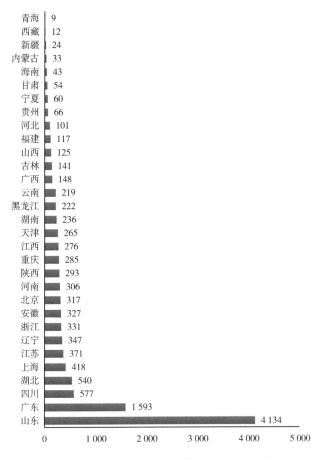

图 2-16　2021 年药品和医疗器械类网站分布情况

数据来源:中国互联网协会　2021.12

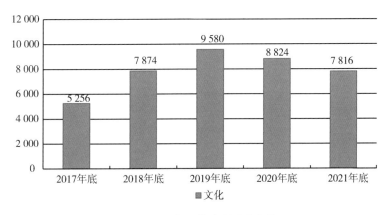

图 2-17　近五年文化类网站变化情况

数据来源:中国互联网协会　2021.12

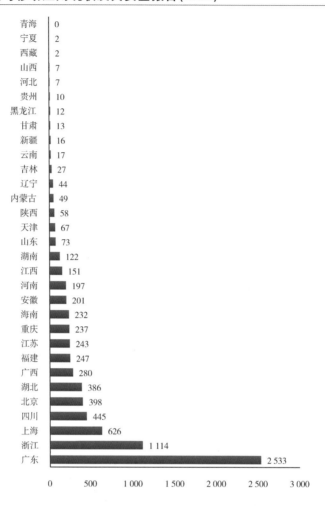

图 2-18 2021 年文化类网站分布情况

数据来源:中国互联网协会 2021.12

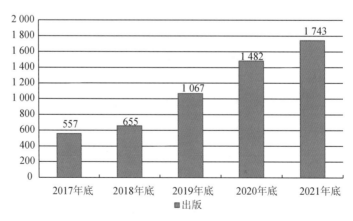

图 2-19 近 5 年出版类网站变化情况

数据来源:中国互联网协会 2021.12

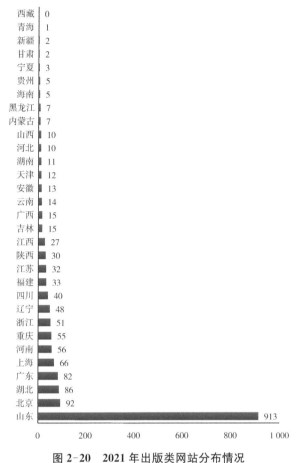

图 2-20 2021 年出版类网站分布情况

数据来源:中国互联网协会 2021.12

5. 新闻类网站历年变化及分布情况

近 5 年,新闻类网站整体呈上升趋势,截至 2021 年 12 月底,新闻类网站 1 049 个,较 2020 年底增加 88 个,同比上升 9.16%,具体情况见图 2-21。

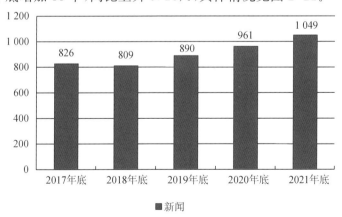

■新闻

图 2-21 近五年新闻类网站变化情况

数据来源:中国互联网协会 2021.12

从各省、区、市的新闻类网站分布情况来看,内蒙古自治区新闻类网站数量位居全国第一,达到 104 个,占全国新闻类网站总量的 9.91%。排名第 2 至 5 位的地区分别为山东(90 个)、四川(68 个)、广东(65 个)和浙江(59 个)。上述五省市新闻类网站数量共计 386 个,占全国新闻类网站总量的 36.80%。新闻类网站数量在各省、区、市的分布情况见图 2-22。

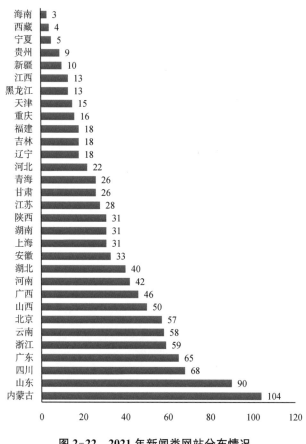

图 2-22 2021 年新闻类网站分布情况

数据来源:中国互联网协会 2021.12

6. 广播电影电视节目类网站历年变化及分布情况

近 5 年,广播电影电视节目类网站逐年递增,截至 2021 年 12 月底,广播电影电视节目类网站 1 363 个,较 2020 年底增长 18 个,同比上升 1.34%,具体情况见图 2-23。

从各省、区、市的广播电影电视节目类网站分布情况来看,山东省广播电影电视节目类网站数量位居全国第一,达到 419 个,占全国广播电影电视节目类网站总量的 30.74%。排名第 2 至 5 位的地区分别为北京(155 个)、重庆(135 个)、浙江(101 个)和上海(75 个)。上述五省市广播电影电视节目类网站数量共计 885 个,占全国视听类网站总量的 64.93%。属地内尚无广播电影电视节目类网站的地区为青海。广播电影电视节目类网站在各省、区、市的分布情况见图 2-24。

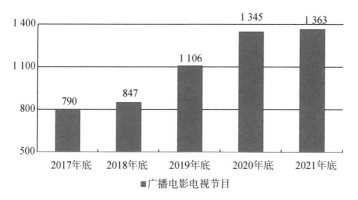

图 2-23 近 5 年广播电影电视节目类网站变化情况

数据来源:中国互联网协会 2021.12

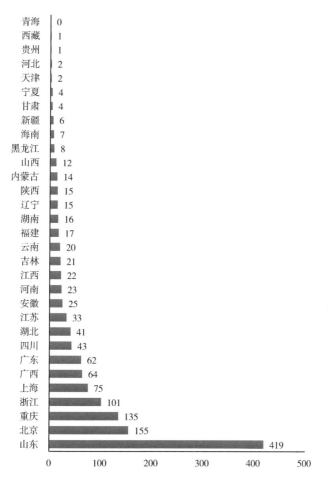

图 2-24 2021 年广播电影电视节目类网站分布情况

数据来源:中国互联网协会 2021.12

(四) 中国网站主办者组成及历年变化情况

中国网站主办者由单位、个人两类主体组成,受国家信息化发展和促进信息消费等政策的影响,企业和个人举办网站的积极性最高,数量最多,近两年随着网站规范化的整治,各类网站数量均有所下降。2021年中国网站主办者组成情况见图2-25。

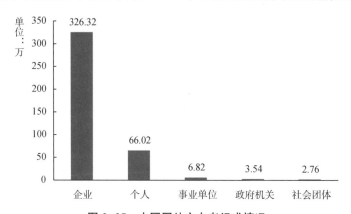

图 2-25 中国网站主办者组成情况

数据来源:中国互联网协会 2021.12

1. 中国网站主办者组成及历年变化情况

中国网站中主办者性质为"企业"的网站达到 326.32 万个,较 2020 年底减少23.04 万个;主办者性质为"个人"的网站 66.02 万个,较 2020 年底减少 12.04 万个;主办者性质为"事业单位""社会团体"的网站较 2020 年底相比有所减少,主办者性质为"政府机关"的网站较 2020 年底相比有所增加。近 3 年来各类网站主办者举办的网站情况见图 2-26。

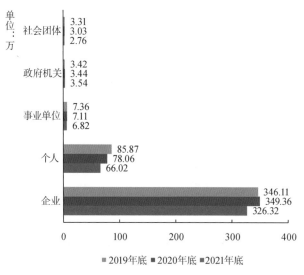

图 2-26 近 3 年中国网站主办者组成及历年变化情况

数据来源:中国互联网协会 2021.12

2."企业"网站历年变化及分布情况

近5年，"企业"网站数量整体呈下降趋势，2020年稍有回升，截至2021年12月底，"企业"网站326.32万个，较2020年底减少23.04万个，同比下降6.59%，具体情况见图2-27。

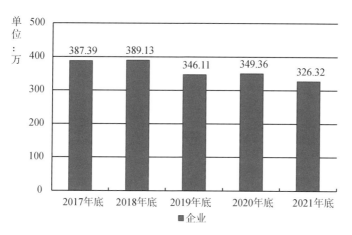

图2-27　近5年"企业"网站变化情况
数据来源：中国互联网协会　2021.12

从中国网站主办者性质为"企业"的网站分布情况来看，广东省主办者性质为"企业"的网站数量位居全国第一，达到57.83万个，占全国主办者性质为"企业"的网站总量的17.72%。排名第2至5位的地区分别为北京（31.52万个）、江苏（30.85万个）、上海（30.51万个）和山东（24.18万个）。上述五省市主办者性质为"企业"的网站数量达到174.89万个，占全国主办者性质为"企业"的网站总量的53.59%。属地内主办者性质为"企业"的网站数量不足1万个的地区有西藏（1383个）、青海（3210个）和宁夏（5743个）、新疆（7664个）。主办者性质为"企业"的网站数量在各省、区、市分布情况见图2-28。

3."事业单位"网站历年变化及分布情况

近5年，"事业单位"网站数量整体呈下降趋势，截至2021年12月底，"事业单位"网站6.82万个，较2020年底减少2932个，同比下降4.12%，具体情况见图2-29。

从中国网站主办者性质为"事业单位"的网站分布情况来看，北京市主办者性质为"事业单位"的网站数量位居全国第一，达到6123个，占全国主办者性质为"事业单位"网站总量的8.98%。排名第2至5位的地区分别为江苏（6045个）、广东（4905个）、山东（4380个）和四川（4167个）。上述五省市主办者性质为"事业单位"的网站数量2.56万个，占全国主办者性质为"事业单位"的网站总量的37.58%。属地内主办者性质为"事业单位"的网站数量不足500的地区有西藏（79个）、青海（333个）和宁夏（359个）。主办者性质为"事业单位"的网站数量在各省、区、市的分布情况见图2-30。

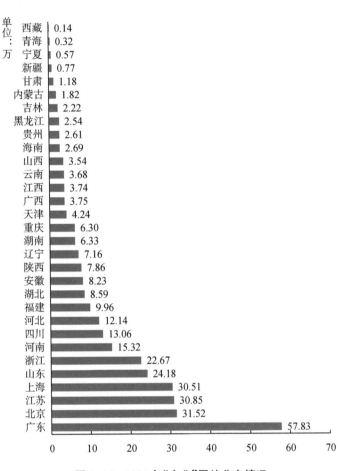

图 2-28   2021 年"企业"网站分布情况

数据来源:中国互联网协会   2021.12

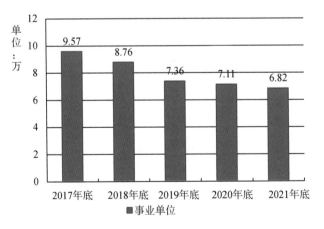

图 2-29   近 5 年"事业单位"网站变化情况

数据来源:中国互联网协会   2021.12

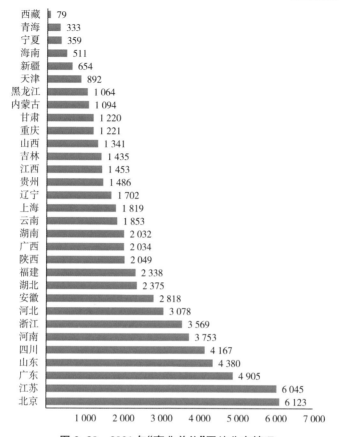

图 2-30 2021 年"事业单位"网站分布情况

数据来源：中国互联网协会 2021.12

4."政府机关"网站历年变化及分布情况

近 5 年"政府机关"网站数量整体逐年递减,近 3 年小幅递增,截至 2021 年 12 月底,"政府机关"网站 3.54 万个,较 2020 年底增加 957 个,同比增长 2.78%,具体情况见图 2-31。

图 2-31 近 5 年"政府机关"网站变化情况

数据来源：中国互联网协会 2021.12

从中国网站主办者性质为"政府机关"的网站分布情况来看，山东省主办者性质为"政府机关"的网站数量位居全国第一，达 2 573 个，占全国主办者性质为"政府机关"网站总量的 7.28%。排名第 2 至 5 位的地区分别为广东（2 397 个）、四川（2 369 个）、江苏（2 170 个）和安徽（1 980 个）。上述五省市主办者性质为"政府机关"的网站数量 11 489 个，占全国主办者性质为"政府机关"的网站总量的 32.50%。主办者性质为"政府机关"的网站在各省、区、市的分布情况见图 2-32。

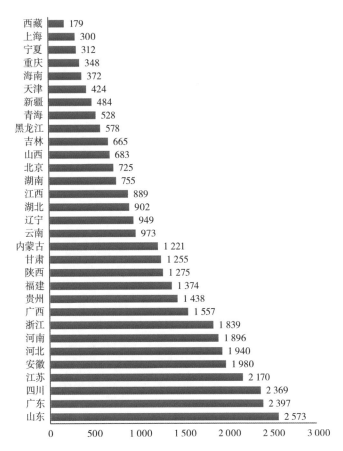

图 2-32　2021 年"政府机关"网站分布情况

数据来源：中国互联网协会　2021.12

5."社会团体"网站历年变化及分布情况

近 5 年，"社会团体"网站数量整体呈下降趋势，截至 2021 年 12 月底，"社会团体"网站 2.76 万个，较 2020 年底减少 2 708 个，同比下降 8.93%，具体情况见图 2-33。

从中国网站主办者性质为"社会团体"的网站分布情况来看，北京市主办者性质为"社会团体"的网站数量位居全国第一，达到 3 986 个，占全国主办者性质为"社会团体"网站总量的 14.43%。排名第 2 至 5 位的地区分别为广东（3 899 个）、江苏（2 002 个）、山东（1 906 个）和浙江（1 667 个）。上述五省市主办者性质为"社会团体"的网站数量共计 13 460 个，占全国主办者性质为"社会团体"的网站总量的

48.71%。主办者性质为"社会团体"的网站在各省、区、市的分布情况见图2-34。

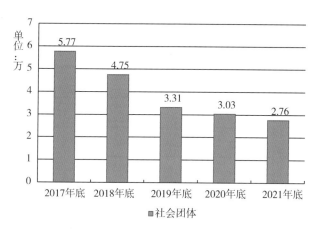

图 2-33 近 5 年"社会团体"网站变化情况

数据来源:中国互联网协会 2021.12

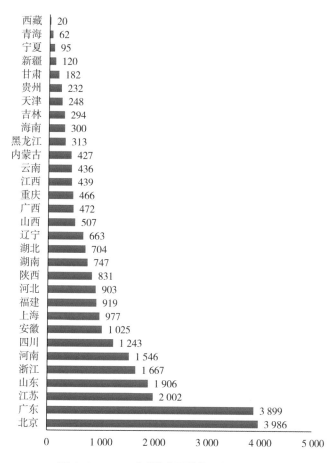

图 2-34 2021 年"社会团体"网站分布情况

数据来源:中国互联网协会 2021.12

6. "个人"网站历年变化及分布情况

近5年,"个人"网站数量呈下降趋势,截至2021年12月底,"个人"网站66.02万个,较2020年底降低12.04万个,同比下降15.42%,具体情况见图2-35。

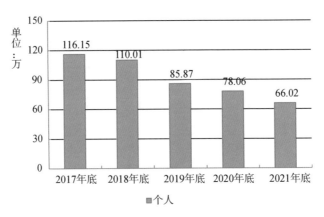

图 2-35 近5年"个人"网站变化情况

数据来源:中国互联网协会 2021.12

从中国网站主办者性质为"个人"的网站分布情况来看,北京市主办者性质为"个人"的网站数量位居全国第一,达到8.09万个,占全国主办者性质为"个人"的网站总量的12.26%。排名第2至5位的地区分别为广东(7.92万个)、河南(5.02万个)、浙江(4.65万个)和四川(3.80万个),上述五省市主办者性质为"个人"的网站数量共计29.48万个,占全国主办者性质为"个人"的网站总量的44.67%。属地内主办者性质为"个人"的网站数量不足1 000的地区为西藏(9个)、新疆(272个)、青海(418个)和宁夏(959个)。主办者性质为"个人"的网站在各省、区、市的分布情况见图2-36。

(五) 从事网站接入服务的接入服务商总体情况

1. 接入服务商总体情况

近5年,从事中国网站接入服务的接入服务商数量逐年递增,截至2021年12月底,已通过企业系统报备数据的接入服务商1 459家,同比年度净增长39家。具体情况见图2-37。

截至2021年12月底,中国接入服务商数量最多的地区为北京(273个),排名第2至5位的地区为广东(193个)、上海(150个)、江苏(136个)和浙江(64个),2021年中国接入服务商地域分布情况见图2-38。

截至2021年12月底,接入网站数量超过1万个的接入服务商29家,较2020年底减少1家;接入网站数量超过3万个的接入服务商15家,较2020年底减少1家。接入服务商数量变化情况见图2-39。

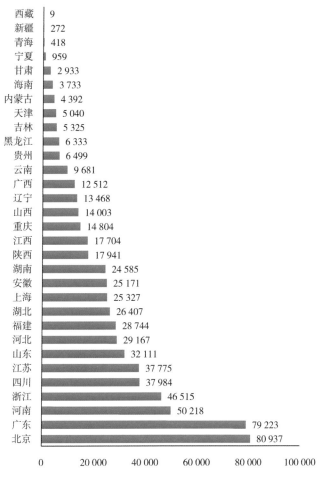

图 2-36　2021 年"个人"网站分布情况

数据来源:中国互联网协会　2021.12

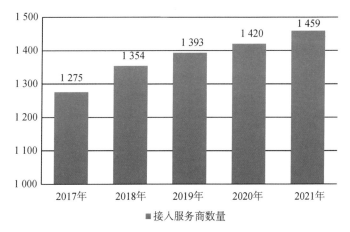

图 2-37　近 5 年中国接入服务商数量变化情况

数据来源:中国互联网协会　2021.12

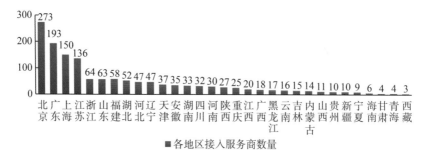

图 2-38　2021 年中国接入服务商地域分布情况

数据来源:中国互联网协会　2021.12

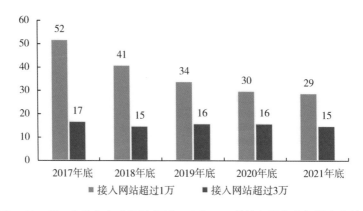

图 2-39　近 5 年接入备案网站超过 1 万和 3 万的接入服务商数量变化情况

数据来源:中国互联网协会　2021.12

2. 接入网站数量排名前 20 的接入服务商

接入备案网站数量最多的单位是阿里云计算有限公司,共接入 164.88 万个网站,占接入备案网站总量的 38.57%。在接入备案网站数量位居前 20 的接入服务商中,北京的接入服务商 7 家,广东 4 家,上海 2 家,福建、江苏、河北、河南、陕西、四川、浙江各 1 家,具体情况见表 2-1。

表 2-1　2021 年接入网站数量排名前 20 的接入服务商

序号	接入商所在省市	单位名称	网站数量	所占百分比
1	浙江	阿里云计算有限公司	1 648 792	47.15%
2	广东	腾讯云计算(北京)有限责任公司广州分公司	322 079	9.21%
3	广东	阿里云计算有限公司广州分公司	280 737	8.03%
4	四川	成都西维数码科技有限公司	239 897	6.86%
5	河南	郑州市景安网络科技股份有限公司	151 588	4.33%

（续表）

序号	接入商所在省市	单位名称	网站数量	所占百分比
6	北京	北京百度网讯科技有限公司	144 005	4.12%
7	北京	北京新网数码信息技术有限公司	105 420	3.01%
8	上海	优刻得科技股份有限公司	96 112	2.75%
9	河北	华为软件技术有限公司	83 083	2.38%
10	北京	中企网动力（北京）科技有限公司	78 661	2.25%
11	上海	上海美橙科技信息发展有限公司	67 550	1.93%
12	福建	厦门三五互联科技股份有限公司	52 064	1.49%
13	北京	腾讯云计算（北京）有限责任公司	47 324	1.35%
14	北京	北京中企网动力数码科技有限公司	39 176	1.12%
15	广东	广东金万邦科技投资有限公司	30 178	0.86%
16	北京	阿里巴巴云计算（北京）有限公司	27 139	0.78%
17	北京	天翼云科技有限公司	23 509	0.67%
18	陕西	西安天互通信有限公司	22 393	0.64%
19	江苏	江苏邦宁科技有限公司	21 085	0.60%
20	广东	中国电信股份有限公司广东分公司	16 428	0.47%

数据来源：中国互联网协会 2021.12

第三部分 中国网站及域名分类情况分析

本部分主要对中国境内已完成 ICP 备案且可访问的网站及域名,按照中国国民经济行业(GB/T 4754—2017)进行分类,从分布地区、网站主体性质、域名接入商、域名访问量等多个维度分析各行业网站及域名的发展状况、地区分布及发展趋势。

网站属性及行业分类以网站分类知识库为基础,采用信息获取技术、信息预处理技术、特征提取技术、分类技术等,对网站内容进行获取和分析,实现将互联网站按照国民经济行业、网站内容、网站规模等相关维度进行分类管理,辅以人工研判和修订,为网站内容动态监测和全面掌握网站信息提供有效技术手段。

(一) 全国网站内容分析

1. 按国民经济行业分类网站情况

截至 2021 年底,ICP 备案库中可访问网站共计 257.21 万个,按照国民经济行业分类,其中数量最多的前五行业是信息传输、软件和信息技术服务业网站 96.41 万个,制造业网站 45.68 万个,租赁和商务服务业网站 21.25 万个,教育业网站 17.24 万个,科学研究和技术服务业网站 14.50 万个。

具体分类情况如图 3-1 所示。

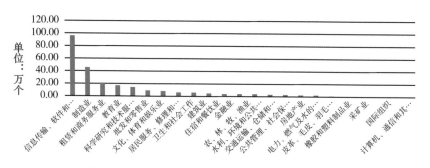

图 3-1 中国国民经济行业 ICP 备案网站数量统计

2. 按国民经济行业分类网站历年变化情况

较 2020 年底,2021 年底 ICP 备案库中可访问网站数量增加 119.38 万个,同比增加 86.61%;近 3 年呈先下降后上升的趋势。具体变化情况如图 3-2 所示。

按照国民经济行业分类,其中数量最多的前五行业,信息传输、软件和信息技术服务业网站,较 2020 年底增加 22.41 万个,同比增加 30.28%;制造业网站,较 2020 年底增加 33.29 万个,同比增加 268.70%;租赁和商务服务业网站,较 2020 年底增加 12.15 万个,同比增加 133.52%;教育业网站,较 2020 年底增加 9.84 万个,

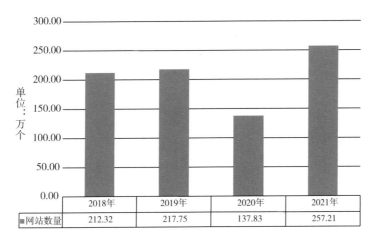

图 3-2　中国国民经济行业 ICP 备案网站总量变化情况

	2018年	2019年	2020年	2021年
■网站数量	212.32	217.75	137.83	257.21

同比增加 132.97％;科学研究和技术服务业网站,较 2020 年底增加 8.55 万个,同比增加 143.70％。具体变化如图 3-3 所示。

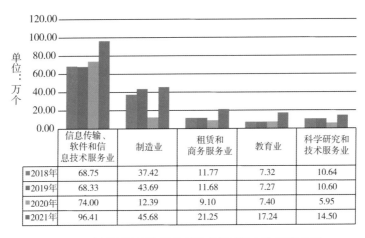

图 3-3　中国国民经济行业 ICP 备案网站历年变化情况

	信息传输、软件和信息技术服务业	制造业	租赁和商务服务业	教育业	科学研究和技术服务业
■2018年	68.75	37.42	11.77	7.32	10.64
■2019年	68.33	43.69	11.68	7.27	10.60
□2020年	74.00	12.39	9.10	7.40	5.95
■2021年	96.41	45.68	21.25	17.24	14.50

3. 按国民经济行业分类域名情况

截至 2021 年底,ICP 备案库中可访问域名共计 269.95 万个,对这些域名按照国民经济行业分类,其中数量排前五的行业是信息传输、软件和信息技术服务业域名 101.86 万个,制造业域名 47.42 万个,租赁和商务服务业域名 21.97 万个,教育业域名 17.94 万个,科学研究和技术服务业域名 15.04 万个,具体分类情况如图 3-4 所示。

4. 按国民经济行业分类域名历年变化情况

较 2020 年底,2021 年底 ICP 备案库中可访问域名数量增加 139.67 万个,同比增加 107.21％,近 3 年呈先下降后上升的趋势。具体变化如图 3-5 所示。

按照国民经济行业分类,其中数量最多的前五行业,信息传输、软件和信息技术服务业域名,较 2020 年底增加 31.81 万个,同比增加 45.41％;制造业域名,较

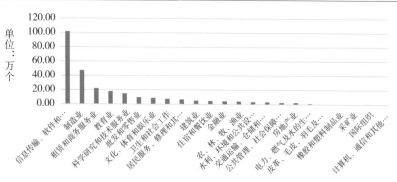

图 3-4　中国国民经济行业 ICP 备案域名数量统计

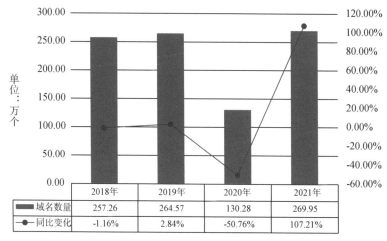

	2018年	2019年	2020年	2021年
域名数量	257.26	264.57	130.28	269.95
同比变化	-1.16%	2.84%	-50.76%	107.21%

图 3-5　中国国民经济行业 ICP 备案网站总量变化情况

2020 年底增加 35.49 万个，同比增加 297.49％；租赁和商务服务业域名，较 2020 年底增加 13.29 万个，同比增加 153.11％；教育业域名，较 2020 年底增加 10.92 万个，同比增加 155.56％；科学研究和技术服务业域名，较 2020 年底增加 9.33 万个，同比增加 163.40％。具体变化如图 3-6 所示。

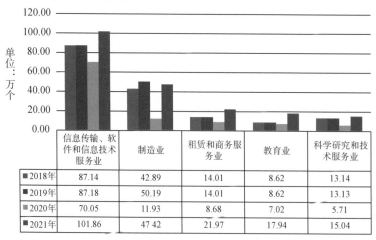

	信息传输、软件和信息技术服务业	制造业	租赁和商务服务业	教育业	科学研究和技术服务业
2018年	87.14	42.89	14.01	8.62	13.14
2019年	87.18	50.19	14.01	8.62	13.13
2020年	70.05	11.93	8.68	7.02	5.71
2021年	101.86	47.42	21.97	17.94	15.04

图 3-6　中国国民经济行业 ICP 备案域名历年变化情况

(二) 信息传输、软件和信息技术服务业网站及域名情况

信息传输、软件和信息技术服务业是我国支柱产业,近年来行业保持快速发展趋势,得益于我国经济快速发展、政策支持、强劲的信息化投资及旺盛的 IT 消费等,已连续多年保持高速发展趋势,产业规模不断壮大。

1. 地区分布

信息传输、软件和信息技术服务业网站主办单位分布最多的是广东省,18.03万个,占比 18.71%,排名第 2 至 5 位的地区分别是北京市、江苏省、上海市、浙江省,最少的是西藏自治区,为 318 个。

信息传输、软件和信息技术服务业域名注册最多的是广东省,18.89 万个,占比18.55%,排名第 2 至 5 位的地区分别是北京市、上海市、江苏省、浙江省,最少的是西藏自治区,为 337 个。

2. 主体性质

信息传输、软件和信息技术服务业网站主体性质主要是企业、个人、事业单位、社会团队、政府机关等 18 类,其中企业网站比例高达 79.43%,具体变化情况如图3-7 所示。

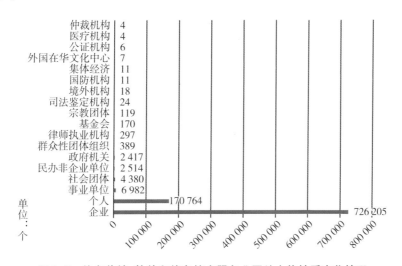

图 3-7　信息传输、软件和信息技术服务业网站主体性质变化情况

近 3 年,企业主办的信息传输、软件和信息技术服务业网站数量呈上升趋势,具体变化情况如图 3-8 所示。

3. 域名接入商

信息传输、软件和信息技术服务业域名接入商 1 246 家共接入 93.13 万个,接入量在 100 以上的接入商共 281 家,其中排在前 20 的接入商如表 3-1 所示。

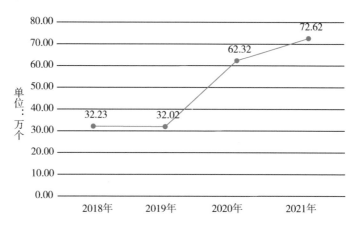

图 3-8　企业主办的信息传输、软件和信息技术服务业网站同比变化情况

表 3-1　信息传输、软件和信息技术服务业域名排名前 20 的接入服务商

序号	接入商单位名称	域名数（万个）
1	阿里云计算有限公司	38.98
2	腾讯云计算（北京）有限责任公司广州分公司	7.68
3	阿里云计算有限公司广州分公司	6.93
4	成都西维数码科技有限公司	4.86
5	郑州市景安网络科技股份有限公司	2.91
6	北京新网数码信息技术有限公司	2.41
7	优刻得科技股份有限公司	2.39
8	北京百度网讯科技有限公司	2.29
9	中企网动力（北京）科技有限公司	1.90
10	华为云计算技术有限公司	1.76
11	上海美橙科技信息发展有限公司	1.47
12	北京中企网动力数码科技有限公司	1.12
13	腾讯云计算（北京）有限责任公司	1.05
14	广东金万邦科技投资有限公司	0.86
15	厦门三五互联科技股份有限公司	0.80
16	江苏邦宁科技有限公司	0.40
17	阿里巴巴云计算（北京）有限公司	0.35
18	商中在线科技股份有限公司	0.29
19	天翼云科技有限公司	0.29
20	点击云（福建）网络服务有限公司	0.28

近3年,信息传输、软件和信息技术服务业域名接入商呈先下降后上升的趋势,域名接入数量呈逐年上升的趋势,具体变化情况如图3-9所示。

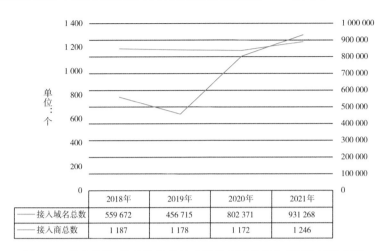

	2018年	2019年	2020年	2021年
—— 接入域名总数	559 672	456 715	802 371	931 268
—— 接入商总数	1 187	1 178	1 172	1 246

图3-9　信息传输、软件和信息技术服务业域名接入商同比变化情况

4. 域名访问量

信息传输、软件和信息技术服务业排名前10的域名访问量总计8 312 929万次,访问最高的域名是microsoft.com,具体访问量如图3-10所示。

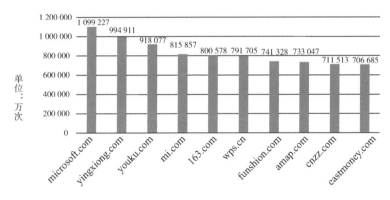

图3-10　信息传输、软件和信息技术服务业排名前10的域名访问量

(三) 制造业网站及域名情况

中国正在成为全球制造业的中心,中国是制造业大国,但还不是强国,国家确定了通过信息化带动工业化的国策,推动制造企业实施制造业信息化。随着国家两化深度融合水平的进一步提高,中国制造业信息化已经迎来一个崭新的发展阶段。

1. 地区分布

制造业网站主办单位分布最多的是广东省,8.19万个,占比17.92%,排名第2

至5位的地区分别是江苏省、山东省、上海市、浙江省，最少的是西藏自治区，为83个。

制造业域名注册最多的是广东省，8.39万个，占比17.70%，排名第2至5位的地区分别是江苏省、山东省、上海市、浙江省，最少的是西藏自治区，为86个。

2. 主体性质

制造业网站主体性质主要是企业、个人、社会团队、事业单位、政府机关等16类，其中企业网站比例达97.00%，具体变化情况如图3-11所示。

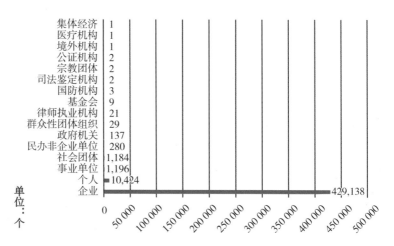

图3-11　制造业网站主体性质变化情况

近3年，企业主办的制造业网站数量呈先下降后上升趋势，具体变化情况如图3-12所示。

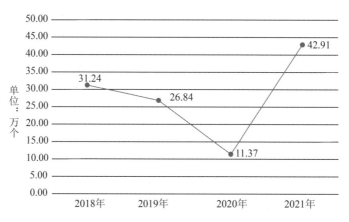

图3-12　企业主办的制造业网站同比变化情况

3. 域名接入商

制造业域名接入商844家共接入44.96万个，接入量在100以上的接入商共161家，其中排在前20的接入商如表3-2所示。

表 3-2 制造业域名排名前 20 的接入服务商

序号	接入商单位名称	域名数（万个）
1	阿里云计算有限公司	13.44
2	成都西维数码科技有限公司	4.62
3	北京百度网讯科技有限公司	2.36
4	阿里云计算有限公司广州分公司	2.12
5	北京新网数码信息技术有限公司	1.87
6	郑州市景安网络科技股份有限公司	1.86
7	厦门三五互联科技股份有限公司	1.59
8	北京中企网动力数码科技有限公司	1.34
9	中企网动力（北京）科技有限公司	1.23
10	上海美橙科技信息发展有限公司	1.10
11	阿里巴巴云计算（北京）有限公司	1.06
12	腾讯云计算（北京）有限责任公司广州分公司	0.92
13	优刻得科技股份有限公司	0.91
14	广东金万邦科技投资有限公司	0.57
15	华为云计算技术有限公司	0.52
16	商中在线科技股份有限公司	0.37
17	网新科技集团有限公司	0.33
18	浙江网盛生意宝股份有限公司	0.31
19	点击云（福建）网络服务有限公司	0.30
20	珍岛信息技术（上海）股份有限公司	0.30

近 3 年,制造业域名接入商及接入数量呈先下降后上升的趋势,具体变化情况如图 3-13 所示。

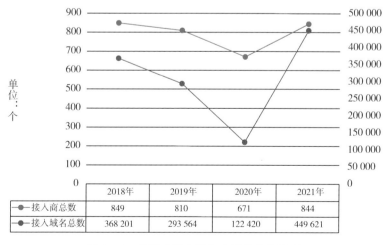

	2018年	2019年	2020年	2021年
接入商总数	849	810	671	844
接入域名总数	368 201	293 564	122 420	449 621

图 3-13 制造业域名接入商同比变化情况

4. 域名访问量

制造业排名前 10 的域名访问量总计 451 319 万次,访问最高的域名是 gree.com.cn,具体访问量如图 3-14 所示。

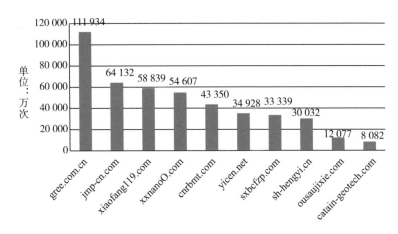

图 3-14　制造业排名前 10 的域名访问量

(四) 租赁和商务服务业网站及域名情况

在推动供给侧改革和转型升级方面,根据不同行业发展特点、现状和问题,细化推动行业发展的指导政策,把加快推进信息化作为新型商务服务业发展的主线,利用信息通信技术及互联网平台,促进租赁和商务服务业健康发展。

1. 地区分布

租赁和商务服务业网站主办单位分布最多的是广东省,3.60 万个,占比16.97%,排名第 2 至 5 位的地区分别是北京市、上海市、江苏省、山东省,最少的是西藏自治区,为 177 个。

租赁和商务服务业域名注册最多的是广东省,3.71 万个,占比 16.89%,排名第 2 至 5 位的地区分别是北京市、上海市、江苏省、山东省,最少的是西藏自治区,为183 个。

2. 主体性质

租赁和商务服务业网站主体性质主要是企业、个人、社会团队、事业单位、政府机关等 16 类,其中企业网站比例达 88.15%,具体变化情况如图 3-15 所示。

近 3 年,企业主办的租赁和商务服务业网站数量呈上升的趋势,具体变化情况如图 3-16 所示。

3. 域名接入商

租赁和商务服务业域名接入商 861 家共接入 20.31 万个域名,接入量在 100 以上的接入商共 95 家,其中排在前 20 的接入商如表 3-3 所示。

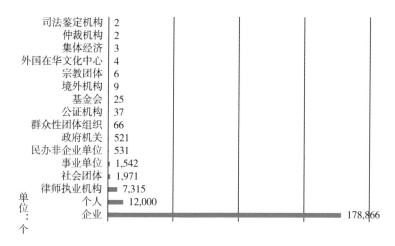

图 3-15　租赁和商务服务业网站主体性质变化情况

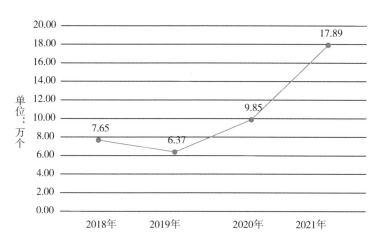

图 3-16　企业主办的租赁和商务服务业网站同比变化情况

表 3-3　租赁和商务服务业域名排名前 20 的接入服务商

序号	接入商单位名称	域名数（万个）
1	阿里云计算有限公司	8.11
2	成都西维数码科技有限公司	1.80
3	阿里云计算有限公司广州分公司	1.40
4	腾讯云计算(北京)有限责任公司广州分公司	0.95
5	北京百度网讯科技有限公司	0.76
6	郑州市景安网络科技股份有限公司	0.74
7	北京新网数码信息技术有限公司	0.61
8	上海美橙科技信息发展有限公司	0.46

（续表）

序号	接入商单位名称	域名数（万个）
9	优刻得科技股份有限公司	0.46
10	华为云计算技术有限公司	0.36
11	厦门三五互联科技股份有限公司	0.26
12	中企网动力（北京）科技有限公司	0.20
13	广东金万邦科技投资有限公司	0.18
14	北京中企网动力数码科技有限公司	0.15
15	西安天互通信有限公司	0.14
16	腾讯云计算（北京）有限责任公司	0.13
17	江苏邦宁科技有限公司	0.11
18	网新科技集团有限公司	0.10
19	龙采科技集团有限责任公司	0.09
20	珍岛信息技术（上海）股份有限公司	0.08

近3年,租赁和商务服务业域名接入商及接入数量呈先下降后上升的趋势,具体变化情况如图3-17所示。

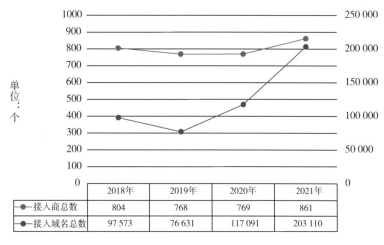

单位：个	2018年	2019年	2020年	2021年
接入商总数	804	768	769	861
接入域名总数	97 573	76 631	117 091	203 110

图3-17 租赁和商务服务业域名接入同比变化情况

4. 域名访问量

租赁和商务服务业排名前10的域名访问量总计2 501 378万次,访问最高的域名是 wp818.cn,具体访问量如图3-18所示。

（五）教育业网站及域名情况

2020年,受新冠肺炎疫情影响,教育信息化进一步深化落实,众多机构及资本

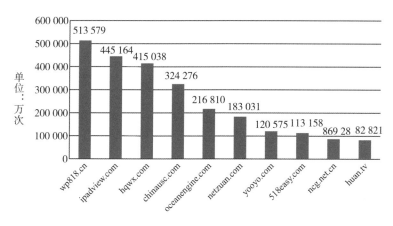

图 3-18 租赁和商务服务业排名前 10 的域名访问量

进入在线教育领域,推动更多用户获得公平、个性化的教学与服务。各类机构加速布局,在线教育网站数量增长明显。

1. 地区分布

教育业网站主办单位分布最多的是北京市,2.34 万个,占比 13.57%,排名第 2 至 5 位的地区分别是广东省、江苏省、上海市、山东省,最少的是西藏自治区,为 67 个。

教育业域名注册最多的是北京市,2.49 万个,占比 13.89%,排名第 2 至 5 位的地区分别是广东省、江苏省、上海市、山东省,最少的是西藏自治区,为 71 个。

2. 主体性质

教育业网站主体性质主要是企业、个人、事业单位、社会团队、政府机关等 16 类,其中企业网站比例达 70.25%,具体变化情况如图 3-19 所示。

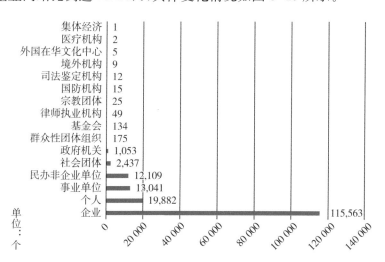

图 3-19 教育业网站主体性质变化情况

近 3 年,企业主办的教育业网站数量呈逐年上升趋势,具体变化情况如图 3-20 所示。

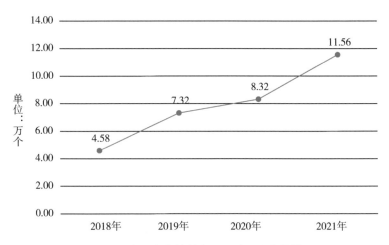

图 3-20 企业主办的教育业网站同比变化情况

3. 域名接入商

教育业域名接入商 829 家共接入 16.55 万个域名,接入量在 100 以上的接入商共 96 家,其中排在前 20 的接入商如表 3-4 所示。

表 3-4 教育业域名排名前 20 的接入服务商

序号	接入商单位名称	域名数(万个)
1	阿里云计算有限公司	7.25
2	成都西维数码科技有限公司	1.07
3	腾讯云计算(北京)有限责任公司广州分公司	1.01
4	阿里云计算有限公司广州分公司	1.00
5	郑州市景安网络科技股份有限公司	0.60
6	北京百度网讯科技有限公司	0.40
7	优刻得科技股份有限公司	0.39
8	北京新网数码信息技术有限公司	0.38
9	华为云计算技术有限公司	0.27
10	上海美橙科技信息发展有限公司	0.24
11	腾讯云计算(北京)有限责任公司	0.15
12	中国教育和科研计算机网网络中心	0.14
13	中国电信股份有限公司江苏分公司	0.12
14	中企网动力(北京)科技有限公司	0.11
15	北京中企网动力数码科技有限公司	0.10
16	厦门三五互联科技股份有限公司	0.10

（续表）

序号	接入商单位名称	域名数（万个）
17	中国电信股份有限公司浙江分公司	0.08
18	广东金万邦科技投资有限公司	0.08
19	西安天互通信有限公司	0.08
20	阿里云计算有限公司	7.25

近3年,教育业域名接入商变化不大,接入数量呈先下降后上升的趋势,具体变化情况如图 3-21 所示。

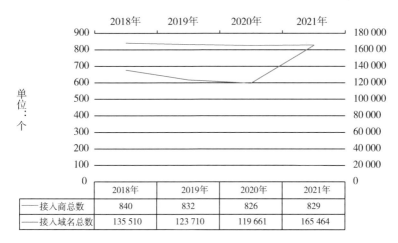

	2018年	2019年	2020年	2021年
——接入商总数	840	832	826	829
——接入域名总数	135 510	123 710	119 661	165 464

图 3-21　教育业域名接入同比变化情况

4. 域名访问量

教育业排名前 10 的域名访问量总计 2 638 281 万次,访问最高的域名是 51xuexiaoyi.com,排名前 10 域名具体访问量如图 3-22 所示。

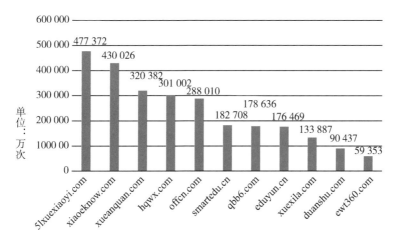

图 3-22　教育业排名前 10 的域名访问量

(六) 科学研究和技术服务业网站及域名情况

随着我国经济发展进入新常态,新一轮科技革命和产业变革蓬勃兴起,科学研究和技术服务业应不断解放思想,加大投入力度,向创新纵深推进。

1. 地区分布

科学研究和技术服务业网站主办单位分布最多的是广东省,2.56 万个,占比17.66%,排名第 2 至 5 位的地区分别是北京市、江苏省、上海市、山东省,最少的是西藏自治区,为 49 个。

科学研究和技术服务业域名注册最多的是广东省,2.63 万个,占比 17.52%,排名第 2 至 5 位的地区分别是北京市、江苏省、上海市、山东省,最少的是西藏自治区,为 50 个。

2. 主体性质

科学研究和技术服务业网站主体性质主要是企业、个人、事业单位、社会团队、政府机关等 15 类,其中企业网站比例达 90.55%,具体变化情况如图 3-23 所示。

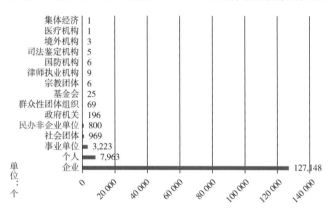

图 3-23 科学研究和技术服务业网站主体性质变化情况

近 3 年,企业主办的科学研究和技术服务业网站数量呈先下降后上升的趋势,具体变化情况如图 3-24 所示。

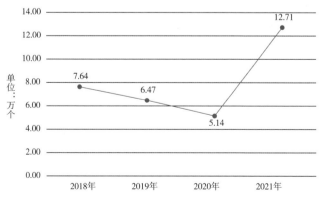

图 3-24 企业主办的科学研究和技术服务业网站同比变化情况

3. 域名接入商

科学研究和技术服务业域名接入商 806 家共接入 14.26 万个域名,接入量在 100 个以上的接入商共 82 家,其中排在前 20 的接入商如表 3-5 所示。

表 3-5　科学研究和技术服务业域名排名前 20 的接入服务商

序号	接入商单位名称	域名数(万个)
1	阿里云计算有限公司	5.68
2	成都西维数码科技有限公司	1.01
3	阿里云计算有限公司广州分公司	0.98
4	腾讯云计算(北京)有限责任公司广州分公司	0.73
5	北京百度网讯科技有限公司	0.47
6	北京新网数码信息技术有限公司	0.46
7	郑州市景安网络科技股份有限公司	0.42
8	优刻得科技股份有限公司	0.29
9	华为云计算技术有限公司	0.28
10	上海美橙科技信息发展有限公司	0.28
11	厦门三五互联科技股份有限公司	0.25
12	中企网动力(北京)科技有限公司	0.20
13	北京中企网动力数码科技有限公司	0.19
14	腾讯云计算(北京)有限责任公司	0.13
15	浙江兴旺宝明通网络有限公司	0.11
16	广东金万邦科技投资有限公司	0.10
17	江苏邦宁科技有限公司	0.08
18	商中在线科技股份有限公司	0.07
19	阿里巴巴云计算(北京)有限公司	0.07
20	龙采科技集团有限责任公司	0.06

近 3 年,科学研究和技术服务业域名接入商及接入数量呈先下降后上升的趋势,具体变化情况如图 3-25 所示。

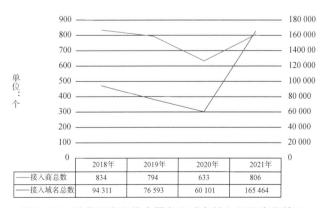

单位:个	2018年	2019年	2020年	2021年
—— 接入商总数	834	794	633	806
—— 接入域名总数	94 311	76 593	60 101	165 464

图 3-25　科学研究和技术服务业域名接入同比变化情况

4. 域名访问量

科学研究和技术服务业排名前十的域名访问量总计 3 777 751 万次,访问最高的域名是 msstatic.com,具体访问量如图 3-26 所示。

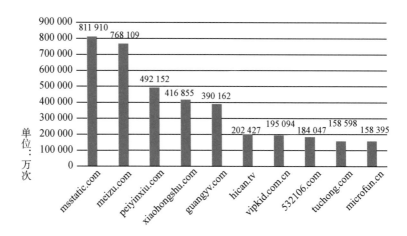

图 3-26　科学研究和技术服务业排名前 10 的域名访问量

第四部分 全国移动应用概况^①

截至 2021 年 6 月,我国网民规模达 10.11 亿,其中手机网民规模达 10.07 亿,占比高达 99.6％,以手机等移动智能设备为载体的移动互联网应用程序(以下简称移动应用或 APP)已成为当前人民生活和经济发展中不可或缺的关键要素。从应用类型上看,APP 已实现生活场景全覆盖,形成围绕个人需求的完整闭环,特别是在 2020 年初新冠肺炎疫情暴发后,在线教育、网络直播、网络购物类应用的用户规模增长显著。然而,移动应用在为人们提供便捷服务的同时,关于用户数据违规收集、数据恶意滥用等风险问题也层出不穷。下面将从移动应用概况、应用安全分析等角度,分析总结全国移动应用安全态势。

(一) APP 资产总量统计

根据梆梆安全移动应用监管平台对国内外 600 多活跃应用市场实时监测的数据显示,截至 2021 年 12 月 31 日发布的应用中,归属于全国的 Android 应用总量为 2 829 622 款,涉及开发者总量 278 783 家。其中,2021 年 1 月 1 日至 2021 年 12 月 31 日发布的应用中,归属于全国的 Android 应用总量为 667 714 款,涉及开发者总量 130 825 家。(上述数据已针对同一 APP 的不同版本数去重)

(二) APP 分布区域概况

从 APP 分布的区域来看,广东省 APP 数量位于第一,约占全国 APP 总量的 20.7％,位于第二、第三的区域分别是北京市和上海市,对应归属的 APP 数量是 133 024、74 778。具体分布如图 4-1 所示。

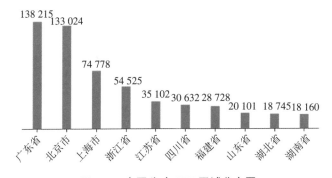

图 4-1 全国移动 APP 区域分布图

数据来源:北京梆梆安全科技有限公司 2021.12

---

① 本部分数据来源:北京梆梆安全科技有限公司。

(三) APP 上线渠道分布

根据梆梆安全移动应用监管平台的统计,2021 年 1 月 1 日至 2021 年 12 月 31 日发布的应用中,全国移动 APP 分发的应用市场有 986 家,我们对全国 APP 数量排名前 10 的渠道做了统计分析发现,位居渠道排名前三的分别为华为应用市场、OPPO 软件商店、小米商店,应用数量排名 TOP10 市场如图 4-2 所示。

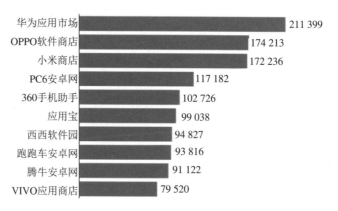

图 4-2　全国移动 APP 渠道分布情况 TOP10
数据来源:北京梆梆安全科技有限公司　2021.12

(四) 各类型 APP 占比分析

我们将全国内 APP 按功能和用途划分为 18 种类型。其中,实用工具类 APP 数量稳居首位,占全国 APP 总量的 14.04%;教育学习类位居第二,占全国 APP 总量的 12.36%;时尚购物类排名第三,占全国 APP 总量的 10.96%。各类型 APP 占比情况如图 4-3 所示。

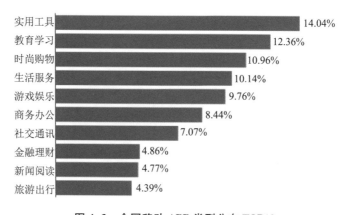

图 4-3　全国移动 APP 类型分布 TOP10
数据来源:北京梆梆安全科技有限公司　2021.12

(五) APP 开发企业分析

通过梆梆安全移动应用监管平台对全国 Android 应用的开发(运营)企业进行统计分析发现,北京云度互联科技有限公司发布 APP 数量最多,共 540 款,其次是广州百那那科技有限公司,旗下拥有 APP 337 款。表 4-1 是发布 APP 数量 TOP10 企业名单。

表 4-1　2021 年发布 APP 数量 TOP10 企业名单

开发企业名称	应用数量	工商注册地
北京云度互联科技有限公司	540	北京市大兴区
广州百那那科技有限公司	337	广东省广州市海珠区
杭州网易雷火科技有限公司	330	浙江省杭州市滨江区
广州鑫晟网络科技有限公司	248	广东省广州市海珠区
湖南亲信信息科技有限公司	172	湖南省长沙市开福区
青岛童硕网络有限公司	166	山东省青岛市市北区
深圳云步互娱网络科技有限公司	164	广东省深圳市南山区
武汉市多比特信息科技有限公司	140	湖北省武汉市洪山区
浙江畅唐网络股份有限公司	139	浙江省杭州市滨江区
广州高桂科技有限公司	138	广东省广州市天河区

数据来源:北京梆梆安全科技有限公司　2021.12

第五部分　全国移动 APP 安全分析概况[①]

(一) 风险数据综合统计

据《2021 年 Q2 移动互联网行业数据研究报告》显示,移动网民人均安装 66 款 APP,人均每日花在各类 APP 上的时长为 5.1 个小时,APP 成为用户最依赖的互联网入口。与此同时,移动 APP 的安全隐患日益凸显。整体来看,风险集中在数据违规收集、数据恶意滥用、数据非法获取、数据恶意散播。这些风险广泛存在于当前主流 APP 中,严重威胁数据安全与个人信息安全。

梆梆安全移动应用监管平台通过调用不同类型的自动化检测引擎对全国 Android 应用进行了抽样检测,风险应用从盗版(仿冒)、境外数据传输、高危漏洞、个人隐私违规 4 个维度综合统计如图 5-1 所示。

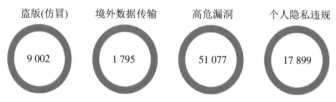

图 5-1　风险应用 4 个维度综合统计

(二) 移动 APP 漏洞风险分析

1. 各等级漏洞概况

从全国的 Android APP 中随机抽取了 153 889 款进行漏洞检测发现,存在漏洞威胁的 APP 为 69 214 个,即 44.98% 的 APP 存在漏洞风险。存在不同风险等级漏洞的 APP 占比如图 5-2 所示(同一个应用可能存在多个等级的漏洞)。

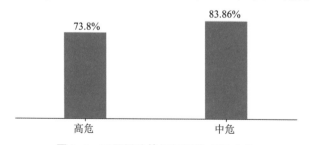

图 5-2　不同风险等级漏洞的 APP 占比

数据来源:北京梆梆安全科技有限公司　2021.12

[①] 本部分数据来源:北京梆梆安全科技有限公司。

2. 各漏洞类型占比分析

我们对不同类型的漏洞进行了统计,应用漏洞数量排名前三的类型分别为应用数据任意备份风险、Java 代码反编译风险以及 Janus 签名机制漏洞。各漏洞类型占比情况如图 5-3 所示。

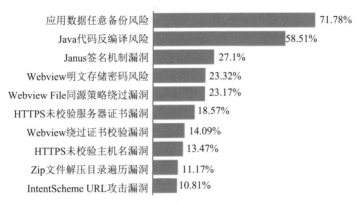

图 5-3　漏洞类型排行 TOP10

数据来源:北京梆梆安全科技有限公司　2021.12

以上所示的大部分安全漏洞是可以通过使用商业版应用加固方案解决的,也从另外一个层面说明应用的运营者和开发者重功能、轻安全防护,安全意识不足。

3. 存在漏洞的 APP 各类型占比分析

从 APP 类型来看,实用工具类 APP 存在漏洞风险最多,占漏洞 APP 总量的 13.24%,其次为生活服务类 APP,占比 11.64%,教育学习类 APP 位居第三,占比 10.84%,漏洞数量排名前 10 的类型如图 5-4 所示。

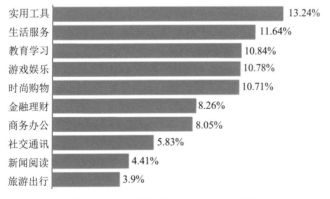

图 5-4　存在漏洞的 APP TOP10 类型

数据来源:北京梆梆安全科技有限公司　2021.12

4. 存在漏洞的应用区域分布情况

从 APP 归属的区域来看,上海市存在漏洞风险的 APP 数量最多,占全国 APP 总量的 21.51%,其次为广东省,占比 18.35%,北京市位居第三,占比 12.89%,各区域漏洞 APP 占比情况如图 5-5 所示。

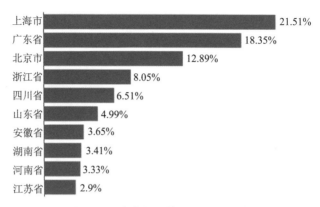

图 5-5　存在漏洞的 APP 区域分布

数据来源:北京梆梆安全科技有限公司　2021.12

(三) 盗版(仿冒)风险分析

2021 年 6 月,国家版权局、国家互联网信息办公室、工业和信息化部、公安部联合启动打击网络侵权盗版"剑网 2021"专项行动,严厉打击短视频、网络直播、体育赛事、在线教育等领域的侵权盗版行为。据国家版权局官方最新信息显示,截至 9 月底,各级版权执法监管部门查办网络侵权案件 445 件,关闭侵权盗版网站(APP) 245 个,处置删除侵权盗版链接 61.83 万条。所谓盗版 APP,指未经版权所有人同意或授权的情况下,利用非法手段在原 APP 中加入恶意代码,进行二次发布,造成用户信息泄露、手机感染病毒或者其他安全危害的 APP。

1. 盗版(仿冒)APP 各类型占比分析

从全国的 Android APP 中随机抽取 153 889 款 Android APP 进行盗版(仿冒)引擎分析,检测出盗版(仿冒)APP 9 002 个,其中,实用工具、拍摄美化、教育学习类应用是"山寨"APP 的重灾区,各类型占比情况如图 5-6 所示。

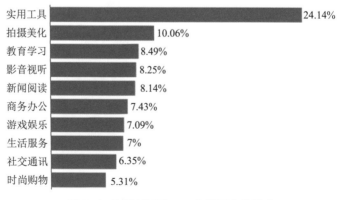

图 5-6　盗版(仿冒)APP 各类型占比情况

数据来源:北京梆梆安全科技有限公司　2021.12

2. 盗版(仿冒)APP 渠道分布情况

通过梆梆安全移动应用监管平台检测到的 9 002 个盗版(仿冒)应用,其发布渠道主要分布在中小规模甚至是不知名的应用市场。其中,西西软件园出现盗版(仿冒)APP 的次数最多,发现盗版(仿冒)APP 数量最多的前 10 大应用市场如图 5-7 所示。

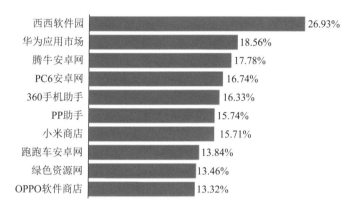

西西软件园 26.93%
华为应用市场 18.56%
腾牛安卓网 17.78%
PC6安卓网 16.74%
360手机助手 16.33%
PP助手 15.74%
小米商店 15.71%
跑跑车安卓网 13.84%
绿色资源网 13.46%
OPPO软件商店 13.32%

图 5-7 Android 盗版(仿冒)APP 渠道分布 TOP10

数据来源:北京梆梆安全科技有限公司 2021.12

(四)境外数据传输分析

在数字经济时代,数据的开放和共享对全球经济增长具有较强的驱动作用。根据美国布鲁金斯学会测算,全球数据跨境流动对全球 GDP 增长的推动作用已经超过贸易和投资。中国作为"数据大国",保证数据出境安全,不仅是提高数字经济全球竞争力的基础,更是守护国家安全的保障。

2021 年 10 月 29 日,国家互联网信息办公室(以下简称"网信办")发布了《数据出境安全评估办法(征求意见稿)》并公开征求意见,旨在细化和落实《网络安全法》第 37 条,《数据安全法》第 31 条,《个人信息保护法》第 36、38、40 条等法律中有关数据出境的规定,强调对个人信息和重要数据出境安全的保护,充分体现了我国通过加强数据跨境监管,维护国家安全的监管思路。

1. 境外 IP 地址分析

从全国的 Android APP 中随机抽取 34 806 款 Android APP 进行境外数据传输引擎分析,发现 1 795 款应用存在往境外的 IP 传输数据的情况,从统计数据来看发往美国的最多,占比 81.28%,其次是发往日本,占比 5.85%。不论是移动应用程序自身程序代码的数据外发行为,还是第三方 SDK 的境外数据外发行为,都建议监管部门加强对数据境外外发行为的监管,尤其是发往美国的数据。如图 5-8 所示。

2. 境外传输 APP 各类型占比分析

从 APP 类型来看,游戏娱乐类 APP 往境外 IP 传输数据情况最多,占境外传输APP 总量的 17.55%,其次为实用工具类 APP,占比 13.48%,金融理财类 APP 占

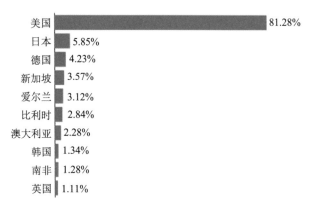

图 5-8　数据传输至境外国家排行 TOP10

数据来源:北京梆梆安全科技有限公司　2021.12

境外传输 APP 总量的 11.64％,位列第三。如图 5-9 所示。

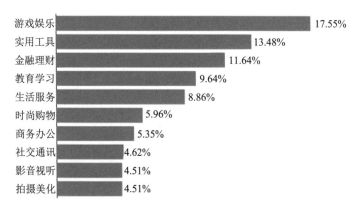

图 5-9　境外传输 APP 各类型排行 TOP10

数据来源:北京梆梆安全科技有限公司　2021.12

(五) 个人隐私违规分析

2021 年"3·15"晚会的短片中,技术人员检测了一款名为"手机管理 Pro"的 APP,发现其表面是在进行清理手机垃圾,实质上则暗中获取用户手机信息,短短 8.75 秒的时间即读取手机应用安装列表 800 多次,读取移动用户识别码 IMSI 1 300 多次,读取手机 GPS 定位 50 多次。不断收集用户信息,进行用户画像,广告精准推送,赚取点击量,获取广告分成,侵害用户权益。用户手机上存储的个人信息被各种 APP 觊觎,个人信息在网络空间的合法权益遭到挑战且呈现愈演愈烈的趋势,APP 强制频繁索权,违法违规收集使用个人信息问题普遍存在,亟须整治。

1. 个人隐私违规类型占比分析

作为需要联网才能正常工作的移动应用,采集网络权限、系统权限以及 WiFi

权限比较正常,但移动应用是否应该采集短信、电话以及位置等"危险权限",则需要根据应用本身的合法业务需求进行分析。基于国家标准《信息安全技术个人信息安全规范》《APP 违法违规收集使用个人信息行为认定方法》《常见类型移动互联网应用程序必要个人信息范围规定》等相关要求,从全国的 Android APP 中随机抽取 34 806 款进行合规引擎分析,检测出 51.43% 的应用涉及隐私违规现象,如:违规收集个人信息,APP 强制、频繁、过度索取权限,违规使用个人信息等。各违规类型占比情况如图 5-10 所示。

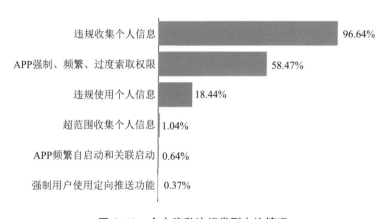

图 5-10　个人隐私违规类型占比情况

数据来源:北京梆梆安全科技有限公司　2021.12

2. 个人隐私违规 APP 各类型排行

从 APP 类型来看,金融理财类 APP 存在个人隐私违规问题最多,占检测总量的 17.49%,其中五成以上的金融理财类 APP 涉及频繁申请权限问题;实用工具类 APP 占检测总量的 12.72%,位居第二;教育学习类 APP 占检测总量的 10.82%,位居第三。涉及个人隐私违规 APP 各类型占比如图 5-11 所示。

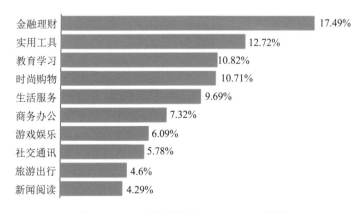

图 5-11　个人隐私违规 APP TOP10 类型

数据来源:北京梆梆安全科技有限公司　2021.12

（六）第三方 SDK 风险分析

1. 第三方 SDK 概况

第三方 SDK 是一种由广告平台、数据提供商、社交网络和地图服务提供商等第三方服务公司开发的工具包，APP 开发者、运营者出于开发成本、运行效率考量，普遍在 APP 开发设计过程中使用第三方软件开发包(SDK)简化开发流程。如果一个 SDK 有安全漏洞，可能会导致所有包含该 SDK 的应用程序受到攻击。从全国的 Android APP 中随机抽取 52 354 款进行第三方 SDK 引擎分析，检测出 97.21％的应用内置了第三方 SDK，其中内置了腾讯 SDK 的应用最多，占比 71.44％，其次为 Android Support Library，占比 71.11％，排在第三的为微信 SDK，占比 64.57％，详见图 5-12。

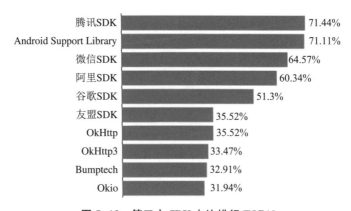

图 5-12　第三方 SDK 占比排行 TOP10

数据来源：北京梆梆安全科技有限公司　2021.12

2. 内置第三方 SDK 应用各类型占比分析

从 APP 类型来看，实用工具类 APP 内置第三方 SDK 的数量最多，占比 13.51％，其次为教育学习类，占比 11.79％，时尚购物类 APP 位列第三，占比 11.13％，详见图 5-13。

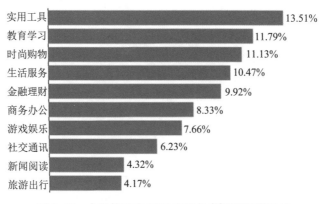

图 5-13　内置第三方 SDK 应用各类型排行 TOP10

数据来源：北京梆梆安全科技有限公司　2021.12

（七）应用加固现状分析

1. 应用加固概况

随着移动 APP 渗透到人们生活的方方面面,黑灰产业也随之壮大,应用没有防护无异于"裸奔",对 APP 进行安全加固可有效防止被逆向分析、反编译、二次打包、恶意篡改等,从全国的 Android APP 中随机抽取 481 575 款进行加固引擎检测,检测出已加固的应用仅占应用总量的 38.69%。

图 5-14　已加固应用和未加固应用占比情况

数据来源:北京梆梆安全科技有限公司　2021.12

2. 各类型加固占比分析

从应用类型来看,党政机关类 APP 加固率最高,占党政机关类 APP 总量的 62.33%,其次为金融理财类 APP,占金融理财类 APP 总量的 60.59%,排在第三的为育儿亲子类 APP,占育儿亲子类 APP 总量的 47.49%,已加固占比排名前十的应用类型如图 5-16 所示。

```
         未加固  已加固

党政机关   37.67%      62.33%
金融理财   39.41%      60.59%
育儿亲子   52.51%      47.49%
拍摄美化   54.01%      45.99%
教育学习   54.22%      45.78%
新闻阅读   55.04%      44.96%
旅游出行   57.46%      42.54%
社交通讯   58.17%      41.83%
医疗健康   59.80%      40.20%
实用工具   60.01%      39.99%
```

图 5-15　已加固 APP 类型排行 TOP10

数据来源:北京梆梆安全科技有限公司　2021.12

第六部分　安全专题

(一) 云端漏洞情报趋势分析①

1. 漏洞舆情传播趋势

2021 年,腾讯安全联合实验室共监测到各类漏洞相关情报 106 649 条。从统计数据可看出,在 12 月期间,由于 log4j 系列漏洞影响面过大,业内关注度较高,导致数据激增。如图 6-1 所示。

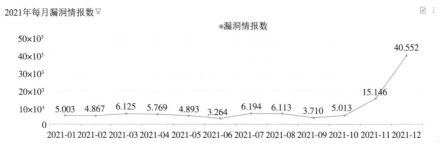

图 6-1　2021 年每月漏洞情报数

数据来源:腾讯安全联合实验室　2021.12

从海量情报数据中,共响应 132 起关注较多影响较为广泛的漏洞事件,严重漏

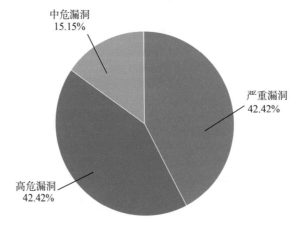

图 6-2　漏洞事件占比

数据来源:腾讯安全联合实验室　2021.12

_____

① 本部分数据来源:腾讯安全联合实验室。

洞事件 56 起,高危漏洞事件 56 起,中危漏洞事件 20 起,在发生漏洞后,行业厂商及公司进行了第一时间的响应处置。如图 6-2 所示。

2021 年面向企业级重大漏洞行业共发布安全通告达 95 次,其中涉及厂商(组件)66 种,高危漏洞中占比最多的厂商(组件)为微软,其旗下多款产品如 Windows、Exchange 等被曝出过较多高危漏洞,影响面较为广泛。如图 6-3 所示。

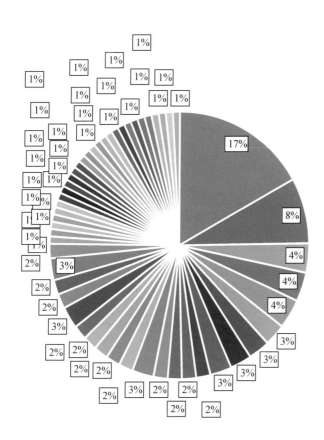

- Windows
- Linux
- Apache Log4j2
- Vmware Vcenter Server
- Drupal
- Apache Druid
- Microsoft Exchange
- Apache Dubbo
- Xstream
- Apisix Dashboard
- Sonicwall
- Exchange
- Gitlab
- Weblogic
- Apache Http Server
- Apache Shiro
- Apache Airflow
- Jira Data Center
- Node.js Npm
- Confluence
- Isc Bind
- Node.js
- Tomcat
- Websphere
- Minio
- Apache Http Server
- Log4j
- Grafana
- Runc
- Metabase
- Apisix

图 6-3　高危漏洞厂商(组件)总览

数据来源:腾讯安全联合实验室　2021.12

2. 漏洞关注度 TOP10

由于数量较多,这里仅对业内关注度较高的漏洞 TOP10 进行简要回顾。根据分析,受关注度最高的是 Apache Log4j2 远程代码执行漏洞(CVE-2021-44228)。只要应用使用该组件将攻击者从任意地方输入的恶意代码记录到日志中,便可直接触发远程代码执行,也被称为"Log4Shell"。如表 6-1 所示。

Apache Log4j 是 Apache 的一个开源 Java 日志记录工具, Apache log4j2 是 Log4j 的升级版本。作为一个底层的基础工具包,广泛使用与各类以 Java 为技术栈的应用中。

2021 年 12 月 9 日, Apache Log4j 远程代码执行漏洞(CVE-2021-44228),漏洞在互联网小范围内被公开后,其影响面迅速扩大,不到半个月的时间内, Apache Log4j 又陆续被曝出其他 4 个漏洞。由于该漏洞影响到众多 Java 应用,作为一个企业开发中最常用的组件之一,影响面极为广泛,也因此得到了业内的广泛关注。

表 6-1 2021 热门漏洞 TOP10

漏洞 cve	漏洞名称	漏洞类型
CVE-2021-44228	Apache Log4j2 远程代码执行漏洞	远程代码执行
CVE-2021-45046	Apache Log4j2 远程代码执行漏洞	远程代码执行
CVE-2021-45105	Apache Log4j2 拒绝服务漏洞	拒绝服务
CVE-2021-42287	Windows 域服务权限提升漏洞	权限提升
CVE-2021-42278	Windows 域服务权限提升漏洞	权限提升
CVE-2021-42321	Exchange 远程代码执行漏洞	远程代码执行
CVE-2021-3156	Linux Sudo 本地提权漏洞	权限提升
CVE-2021-34527	Windows Print Spooler 远程代码执行漏洞	远程代码执行
CVE-2021-41773	Apache Http Server 路径穿越与命令执行漏洞漏洞	远程代码执行
CVE-2021-40444	Microsoft MSHTML 远程代码执行漏洞	远程代码执行

数据来源:腾讯安全联合实验室 2021.12

(二) DDoS 攻防态势观察①

在后疫情时代,随着企业数字化转型速度加快,远程办公、线上消费常态化,元宇宙、NFT 等虚拟世界概念火爆, DDoS 攻击事件频率、规模持续走高,阿里云在四层、七层均检测到了史上最大的流量攻击。同时,攻击手段的进化,对智能化检测方式提出了更高的要求。

据阿里云观测数据:2021 全年共发生 DDoS 攻击 106 万余次,比去年上升了 25%,最大 DDoS 攻击流量达到 1.33 Tbps。

(1) 全年总攻击连续三年高速增长,500 Gbps 以上大流量攻击事件暴增 1 404.7%。以消耗网络带宽为目标的大流量攻击数量保持每年 20% 以上的增长率,2021 年 100 Gbps 以上攻击事件显著增加,500 Gbps 大流量攻击事件更是连续 3 年保持 200% 以上增速。如图 6-4 所示。

① 本部分数据来源:阿里云计算有限公司。

大流量攻击/规模分布与年度对比

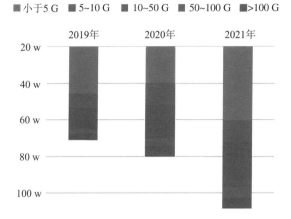

图 6-4 **大流量攻击/规模分布与年度对比**

数据来源:阿里云计算有限公司 2021.12

（2）大流量攻击峰值持续走高,相比去年同期增长 2 631%,1 000 Gbps 以上攻击已成为常态。如图 6-5 所示。

大流量攻击/2020年、2021年度峰值对比及其月度分布

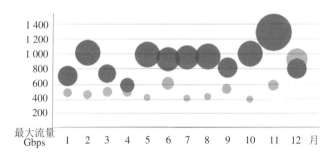

图 6-5 **大流量攻击/2020、2021 年度峰值对比及其月度分布**

数据来源:阿里云计算有限公司 2021.12

（3）资源耗尽型攻击峰值持续走高,TCP 连接型攻击（四层 CC）并发峰值为往年 3 倍。如图 6-6 所示。

（4）海外 DDoS 攻击持续增长,大流量攻击峰值达 609.8 Gbps,同期增长 293.5%。如图 6-7 所示。

（5）88.75%的 DDoS 事件采用混合攻击手段,2021 年大流量 DDoS 攻击中,

资源耗尽型攻击各数值趋势

■ 七层CC大型攻击事件数　　■ 七层CC拦截攻击请求数
■ 四层CC TCP新建峰值（万cps）■ 四层CC TCP并发峰值（万/秒）

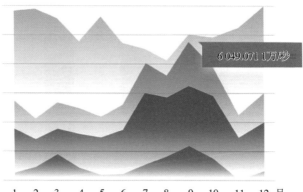

6 049.071 1万/秒

图 6-6　资源耗尽型攻击各数值趋势

数据来源:阿里云计算有限公司　2021.12

海外大流量攻击事件年度对比

■ 2020年攻击流量及事件数

■ 2021年攻击流量及事件数

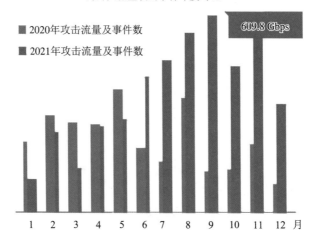

609.8 Gbps

图 6-7　海外大流量攻击事件年度对比

数据来源:阿里云计算有限公司　2021.12

UDP 协议利用仍为主要攻击手段,占比全年攻击事件的 66.7%;在 UDP 反射攻击中,NTP、DNS、SSDP 为常见的 TOP3,其中 DNS 反射攻击事件相比去年增加了 293.7%。以上攻击事件中,仅有 11.25% 采用了单一手段,混合攻击手段占比相比去年进一步提升。如图 6-8 所示。

（6）攻击团伙攻击资源大幅度上升,峰值流量屡破新高。根据阿里云安全团队监测到的 DDoS 攻击数据分析,2021 年共观测到僵尸网络 1 059 个中控,反射攻击

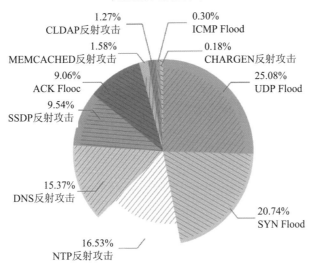

图 6-8　大流量攻击类型分布

数据来源:阿里云计算有限公司　2021.12

识别出 2 000 余个攻击团伙,74%的攻击团伙拥有 40 000 以上的攻击资源,相比去年比例提升 2 700%,仅有 3%的攻击团伙攻击资源少于 30 000。如图 6-9 所示。

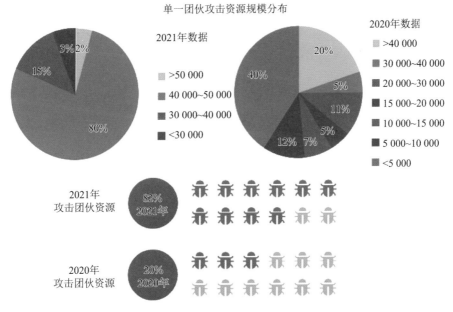

图 6-9　单一团伙攻击资源规模分布

数据来源:阿里云计算有限公司　2021.12

年度最大攻击源规模,连续两年为同一团伙。

- 攻击能力:具备 1.3 Tbps 攻击能力。
- 攻击手法:UDP 反射+SYN 混合方式攻击。
- 攻击源:据观测,攻击流量为 BillGates 僵尸网络发出,且攻击使用的 SYN 流量大多来自境内。

年度捕获的木马中,25000_Gates_A、DDoSTF、Gafgyt 出现频率最高,此三者合计覆盖了年度 DDoS 攻击事件的 70% 以上,其中 DDoSTF 已经连续三年进入占比前三。如图 6-10 所示。

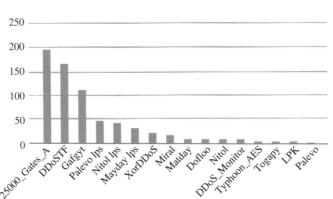

图 6-10　木马家族出现频率

数据来源:阿里云计算有限公司　2021.12

在僵尸网络攻击源分布上,位于国内的中控主机占比最高,65% 的 CnC 存活时间不足一周。如图 6-11 所示。

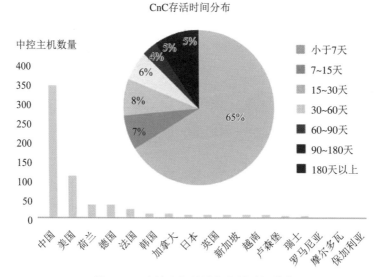

图 6-11　中控主机地域与存活时间分布

数据来源:阿里云计算有限公司　2021.12

（三）Web 应用攻击数据解读①

（1）Web 应用攻击量同比翻倍增长。2021 年,网宿安全平台共监测并拦截 Web 应用攻击 229.83 亿次,同比 2020 年增长 141.30%,呈翻倍增长态势,显示出此类攻击的威胁持续增大,企业数据资产价值上升、Web 漏洞高发、国际上发起的攻击行为增加,以上种种因素共同推动了 Web 应用攻击持续高速增长。从攻击行为来看,Web 应用攻击的目标以窃取数据为主,2021 年随着《数据安全法》《个人信息保护法》等相关法规的实施,企业或组织若未能建立起有效的网络安全防线,不仅将面临数据泄露的经济风险,还将面临法律风险。如图 6-12 所示。

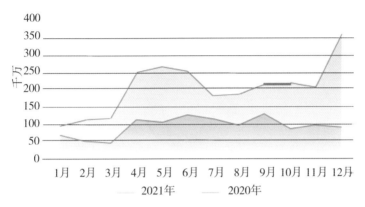

图 6-12 2020 与 2021 年 Web 应用攻击次数趋势

数据来源:网宿科技股份有限公司 2021.12

（2）Web 攻击手段呈现多样化趋势,根据网宿安全平台所构建的 Web 攻击防护体系,针对不同的攻击手段有不同的防护方式来应对,从中也能看出攻击手段的分布情况。由图 6-13 可见,Web 应用攻防手段仍然保持了较为分散的分布态势。排位前三的分别是非法请求方法防护(35.00%)、SQL 注入防护(13.33%)、自定义规则(11.15%)。

值得注意的是,本次统计中,业务端自定义规则所占的比重比之前增大不少,说明在 Web 攻击防护领域,针对业务自身情况和特定的攻击方法制定防护规则也是非常有效的手段。越来越多的攻击流量来源于自动化的扫描器。网宿安全平台基于对攻击源的特征分析、行为模式识别、AI 离线检测、威胁情报等多种方式识别 Web 扫描器行为后,能够通过非法请求方法防护、访问控制(7.96%)、动态 IP 黑名单(5.49%)等方式直接过滤掉大部分扫描器攻击,有效降低网站被针对性攻击扫描的威胁,同时降低自动化扫描器对网站的负载压力。

（3）来自境外的攻击大幅上升(图 6-14),统计攻击来源在中国大陆的省份分布发现,2021 年前 15 位的省份所占的攻击源比例超过 75%。江苏、浙江、广东依然是国

---

① 本部分数据来源:网宿科技股份有限公司。

非法请求方法防护：35.00%　暴力破解防护：5.32%
SQL注入防护：13.33%　XSS跨站防护：5.23%
自定义规则：11.15%　文件上传防护：3.78%
访问控制：7.96%　非法下载防护：3.21%
动态IP黑名单：5.49%　其他：9.53%

图 6-13　2021 全年 Web 应用攻防手段分布
数据来源：网宿科技股份有限公司　2021.12

内攻击源分布的前三，分别占比为 10.64％、8.62％、7.77％。这三个经济比较发达的省份由于 IT 资源发达，近两年一直占据着国内攻击来源前三名的位置。如图 6-15 所示。

中国大陆：68.13%
英国：13.42%
美国：5.12%
日本：4.07%
印度：1.96%
意大利：1.61%
其他：5.69%
海外地区：31.87%

图 6-14　2021 年 Web 应用攻击全球来源分布
数据来源：网宿科技股份有限公司　2021.12

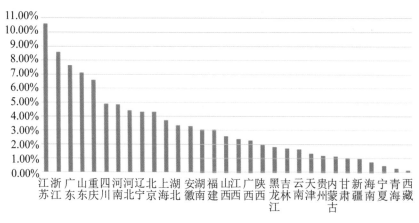

图 6-15　2021 全年来自中国大陆的 Web 应用攻击来源分布
数据来源：网宿科技股份有限公司　2021.12

（4）软件信息服务遭受超 60 亿次攻击，从 2021 年的攻击数据来看，软件信息服务和金融成为 Web 应用攻击最多的行业，针对两者的 Web 攻击量达到近 112 亿次，几乎占了全年的一半。房地产（12.34％）、制造业（10.79％）、零售业（6.28％）分别排列第三、第四和第五位。如图 6-16 所示。

- 软件信息服务:27.87%　　● 生活服务:5.26%
- 金融:21.30%　　　　　　● 政府机构:5.20%
- 房地产:12.34%　　　　　● 互联网金融:3.25%
- 制造业:10.79%　　　　　● 影视及传媒资讯:2.36%
- 零售业:6.28%　　　　　　● 其他:5.35%

图 6-16　2021 全年 Web 应用攻击行业分布

数据来源:网宿科技股份有限公司　　2021.12

(四)恶意爬虫攻击数据解读[①]

平均每秒发生 2 688 次爬虫攻击,攻击量连年翻倍增长,2021 年网宿安全平台共监测并拦截了 847.71 亿次恶意爬虫攻击,平均每秒拦截攻击 2 688 次,攻击量达到了 2020 全年的 2.36 倍。近 3 年恶意爬虫攻击量连年成倍增长,安全威胁日益明显。如图 6-17 所示。

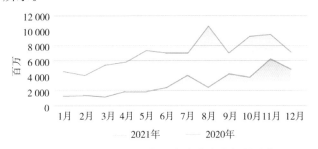

图 6-17　2020/2021 年恶意爬虫攻击数量趋势

数据来源:网宿科技股份有限公司　　2021.12

恶意爬虫境外攻击源比重明显回升。从网宿安全平台监测并拦截的源 IP 分布来看,2021 年全年的恶意爬虫攻击超七成来自境内。境外攻击源占比从去年同期的 7.08% 上升至 24.18%。境外攻击源比重上升,可能与全球新冠疫情趋于稳定,代购、海淘等行业有所恢复有关。海外商家通过爬取竞争对手的商品、价格等信息进行销售策略分析的需求回升。如图 6-18 所示。

- 中国大陆:75.82%
- 美国:4.82%
- 意大利:4.70%
- 日本:3.86%　海外地区:
- 印度:2.35%　24.18%
- 韩国:2.13%
- 其他:6.32%

图 6-18　2021 年恶意爬虫攻击全球来源分布

数据来源:网宿科技股份有限公司　　2021.12

①　本部分数据来源:网宿科技股份有限公司。

江苏、浙江、广东的恶意爬虫攻击分别在境内攻击源中占比 10.64％、8.63％、7.77％,成为来源数量最多的三个省份。整体上看,境内攻击源分布相较往年同期更加趋于平均,这与各地 IDC、网络、云计算等 IT 基础设施建设水平提升,区域间服务器、IP 资源差异缩小有一定关系。如图 6-19 所示。

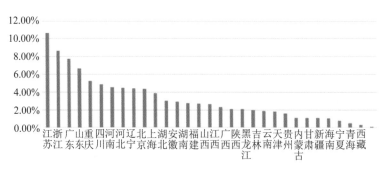

图 6-19　2021 年全年来自中国大陆的恶意爬虫攻击来源分布

数据来源:网宿科技股份有限公司　2021.12

恶意爬虫攻击行业分布较分散,恶意爬虫攻击的行业分布,呈现出集中度低、"多点开花"的态势。遭受攻击最多的是软件信息服务行业(31.88％),其次是房地产行业(12.61％),交通运输(10.24％)、零售业(8.28％)、游戏(7.65％)分别排列第三位至第五位。其中,交通运输行业的排位从 2020 年的第六,重新回到前三位,体现出疫情对交通运输业的负面影响逐渐消除,抢票类爬虫攻击态势有所恢复。如图 6-20 所示。

软件信息服务:31.88%　　生活服务:6.15%

房地产:12.61%　　影视及传媒资讯:5.34%

交通运输:10.24%　　电子商务:4.81%

零售业:8.28%　　互联网金融:4.06%

游戏:7.65%　　其他:8.98%

图 6-20　2021 年全年恶意爬虫攻击行业分布

数据来源:网宿科技股份有限公司　2021.12

(五) 勒索攻击态势观察[①]

1. 主要发现

(1) 年度破坏性勒索事件高发,2021 年诞生首个关键基础设施停运和最高赎金纪录。

(2) 全球勒索事件中约 80％攻击都伴随着"数据泄露"和"双重勒索"威胁。

---

① 本部分数据来源:阿里云计算有限公司。

（3）勒索即服务（RaaS）模式带来 ATP 化与攻击门槛降低的"双向"极端攻击范式。

（4）受漏洞和僵尸网络影响，云上勒索家族和变种数量在 4 季度显著上升，入侵方式的转变需引起注意。

（5）跨平台勒索病毒使得攻击目标由 Windows 向 Linux 平台蔓延，针对 NAS 私有云服务器的攻击亦呈上升趋势。

（6）由于双重勒索的高度定向性，在云上产生的攻击事件占比很小，不会呈现大范围爆发趋势。

（7）攻击者倾向于隐藏钱包地址改为邮件沟通的支付方式，进一步提升了狩猎和溯源难度。

（8）预计随着挖矿行为遭遇监管重锤，黑灰产投入勒索的比例会有所上升。

2．APT 化、高赎金与定向攻击

巨大的利润空间、复杂而完整的产业结构、低成本和低技术门槛……让勒索团伙的贪婪和野心逐年上升。过去 10 年间，勒索软件从未停止过大规模传播。刚刚过去的 2021 年，多起极具破坏性的勒索攻击事件，让勒索威胁的恐惧持续弥漫。

（1）双重勒索：数据加密叠加敏感数据泄露，以获取更多赎金，预计伴随着攻击者的贪婪和内部冲突加剧，勒索方式将由"双重"向"多重"演变。

（2）5 000 万美元赎金纪录：2021 年 3 月，知名电脑制造商宏碁遭受 Sodinokibi 勒索，刷新了赎金最高纪录。

（3）数百 G 数据泄露：多国央行遭遇勒索攻击下的敏感数据和源码泄露，更有甚者遭遇数据公开。

（4）关基停运：5 月，美国燃油管道运输公司成首个遭勒索软件攻击被迫停运的关键基础设施。

（5）APT 化与定向攻击：成熟的 RaaS 模式带来体系化的高频攻击，云上超 30％的勒索病毒编译完成后极短时间就对单个用户发起高级攻击。

（6）攻击门槛降低：RaaS 催生的 TTP 设施间接降低了勒索从业门槛，未来会有更多的勒索团伙参与其中。

（7）漏洞利用：新近爆发的高危漏洞成为勒索家族的主要利用方式，也催生了多个活跃家族。

（8）隐匿支付：邮箱和暗网地址逐步替代常用的虚拟货币钱包地址，攻击者身份难以定位。

3．云上勒索态势：活跃家族上涨 81％，Q4 攻击事件激增

2021 年云上勒索病毒依旧保持了相当高的活跃度，勒索病毒的家族数量、变种数量相较于 2020 年度均有大幅的上升。勒索攻击事件在本年度整体呈上升趋势，尤其是 Q4，以 BeijingCrypt、Mallox 和 Tellyouthepass 等家族在高危漏洞和僵尸网络等攻击手法的加持下，攻击尤其活跃。

阿里云安全中心汇总了 2021 全年云上活跃的勒索家族数据,其中老牌勒索家族 Phobos 蝉联 2021 年样本量第一,由于其传播方式的固定化(弱口令攻击),活跃度一直较为稳定,其次 GlobeImposter 和 Sodinokibi 家族也保持着较高的活跃度,整体较 2020 年呈稳步上升趋势。另外值得警惕的是,Makop 家族较 2020 年有明显增长,该家族首次出现于 2020 年 1 月,采用 RaaS 运营模式并具备多元化的传播方式,并且该勒索家族采用了非对称加密方式,目前为止暂无有效解密手段。

(六) 总结

　　纵观全国移动应用安全现状,应用漏洞、隐私违规问题最为突出,盗版仿冒应用、数据境外传输等安全威胁同样不容小觑,如何应对各类风险需要各方力量共同参与。

　　作为 APP 开发和运营企业应当加强对自身 APP 的安全防护并严格遵守《网络安全法》《数据安全法》和《个人信息保护法》等法律法规,履行应尽责任和义务,认真落实工业和信息化部、国家互联网信息办公室、公安部、国家市场监督管理总局联合制定的《常见类型移动互联网应用程序必要个人信息范围规定》。

　　作为监管部门,应当针对移动 APP 不同类型的威胁及时更新相应的法律法规,加强对应用分发平台的监管,督促应用商店落实好平台责任,强化 APP 上架审核机制,加强监管 APP 运营者过度索取用户信息的行为,加大违法违规收集使用个人信息行为发现、曝光和处置力度。

　　对于用户而言,需要提高安全意识,下载 APP 要认准官方网站或者主流应用市场,警惕陌生链接、二维码等,另外,要注意保护个人隐私,防止信息泄露造成财产损失。